要点提示

本书中介绍了很多作品中会使用到的技巧。
为了让初学者简单一看就能够领会，书中附有图片和说明文字。
相信一定会对制作有帮助。

分线的方法

1 分线是把捻合的1根线分成2~3股线。把线剪成约30cm长度，再反方向转动，解开线。

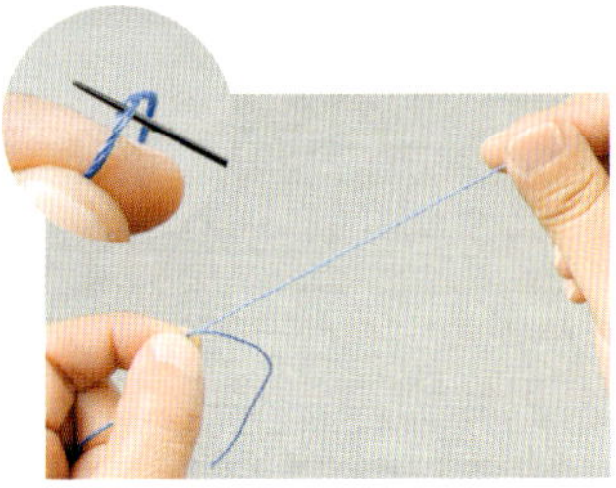

2 把缝纫针的针尖插入线中（左上图），用针尖将其中一半的线分开，用左手把分出的线拉出来（主图）。

放入金属丝的茎的钩织方法

作品3 作品见p.9 钩织方法见p.11

1 把金属丝穿过花萼的中心，并弯下来拧缠。

2 把钩针插入金属丝旁边的钩织针目中，挂线后引拔出。

3 钩织20针锁针。

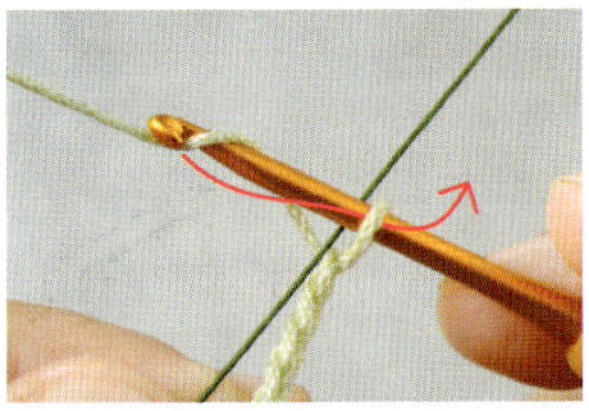

4 把金属丝插入线和针的中间，钩针挂线，按照箭头的方向引拔出，钩织1针立起的锁针。

5 把金属丝尾端折成如图所示状。

6 挑起锁针的半针与里山，按照图示方法钩针挂线引拔出，包住2根金属丝。

7 钩针挂线，一次性穿过2个线圈钩织1针短针。

8 钩织4~5针后仅包住之前的那根金属丝继续钩织。

9 钩织20针短针。

10 如图拉动那根未被完全包裹住的金属丝。

11 直到织片一端看不到金属丝了停止拉动，然后把金属丝剪断。

12 完成茎的制作。

松本薰的
浪漫钩针小物 95 款

〔日〕松本薰 著
李 姗 译

这本书的部分内容曾在 2009 年至 2011 年“初次的花边钩织、钩针编织、串珠编织”专栏连载，也曾收入《钩织花边生活》一书中，这次作者又加入了很多新的内容再编辑成书。请在松本薰的可爱钩针花样中尽情地感受浪漫的世界吧。

河南科学技术出版社
·郑州·

目录

本书中的作品都是一些招人喜欢的花草、糖果、花朵装饰垫等。因为都是小物件，即便是没有太多钩织经验的人，制作起来也不会太难。请带着轻松的心情开始钩织吧。

在钩织的过程中，你可以随心所欲地尝试改变线的种类或者颜色，我觉得，看到不一样的作品，也是一件乐事。

将喜欢的作品佩戴在身上或者用来装饰物品，总会让人心里充满喜悦。如果本书中的钩针小物件，能给你带来这样的感觉，我将万分荣幸！

2012 年松本薰

麦穗的制作方法

作品 3 作品见p.9，钩织方法见p.11

1 按照 p.11 的编织符号图钩织小麦果实。事先准备好钩针和 10cm 长的线。

2 从织片的反面（把反面作为正面）入针，把钩织麦芒的线对折挂在钩针上引拔出。

3 把 2 根线挂到钩针上，按照箭头方向引拔出。

4 完成 1 根麦芒的制作。重复步骤 2、3 制作剩余的麦芒。在剩余的线上喷胶，然后把麦芒斜剪成 3cm 长。

橡皮筋的钩织方法

作品 36、37 作品见p.29，钩织方法见 p.73

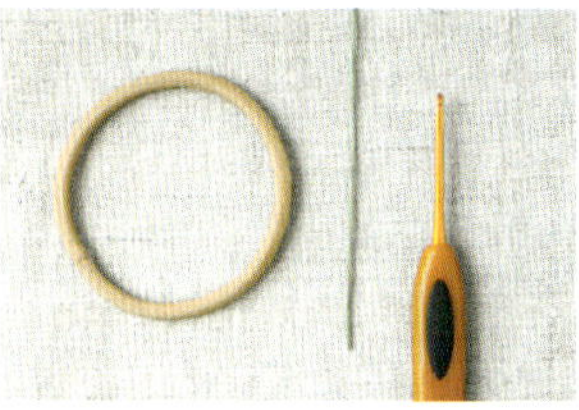

1 事先准备好橡皮筋、线和钩针。

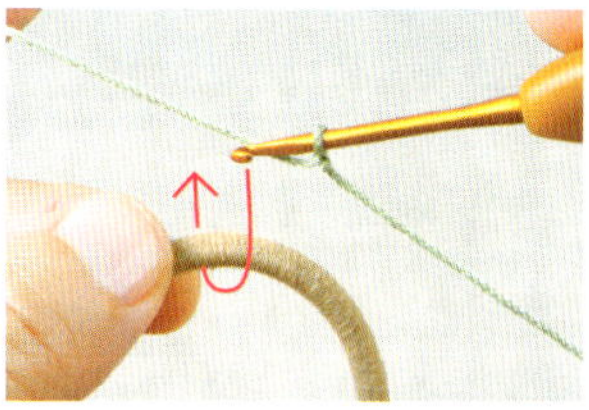

2 钩织基础针后，按照箭头方向将钩针插入橡皮筋中。

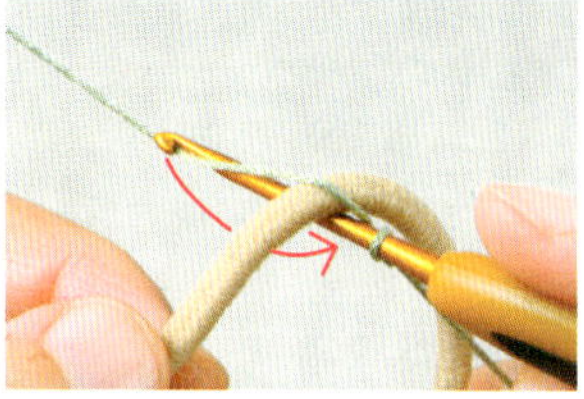

3 在钩针上挂线，按照箭头的方向从橡皮筋中引出线。

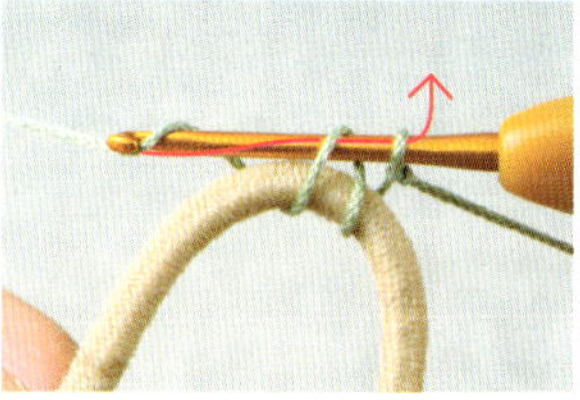

4 再次在钩针上挂线，按照箭头的方向，从 2 个线圈中引拔出。

5 完成 1 针短针。

6 重复步骤 3～5，钩织需要的针数。

卷缝玫瑰的制作方法

作品 36 作品见p.29，钩织方法见 p.73

1 按照编织符号图钩织花瓣。

2 如图把花瓣往里面卷。

3 将缝纫针从中心的锁针处入针，向外侧缝合。

4 逐步错开位置，将外侧的锁针收紧。

5 如图把花瓣的一端翻向外侧固定。

6 把翻折的花瓣的下侧根部固定。

花片的钩织方法

作品 47 作品见p.44，钩织方法见 p.42

第 1 圈（沿着主体的边缘钩织 18 片花片。第 1 圈钩织 18 片花片的下半部分，第 2 圈钩织花片的上半部分，完成制作。）

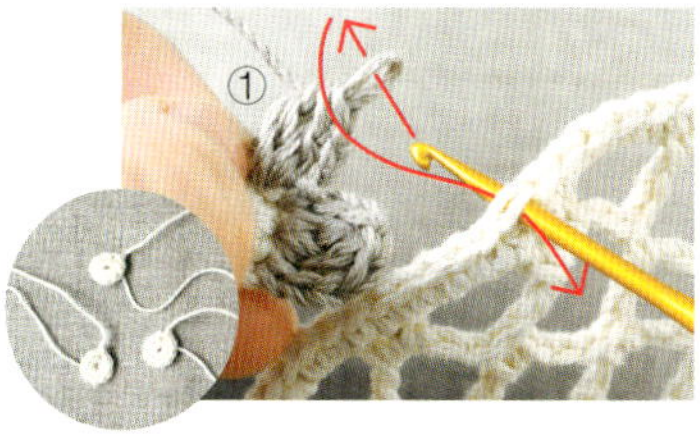

1 钩织第 1 片花片。把花瓣的线挂到花芯上，用长针 2 针的枣形针钩织 2 片花瓣后暂时取出钩针。然后在主体的指定位置入针，再把钩针插入之前脱出的针目中，按照箭头方向引拔出。

2 向着花芯的方向钩织 3 针锁针。

3 继续参照编织符号图，用长针 2 针的枣形针钩织第 3 片花瓣。

4 钩织 3 片花瓣后，接着在第 2 片花片的花芯处钩织长针 2 针的枣形针。

5 用枣形针与第 1 片花片拼接在一起。

6 用长针 2 针的枣形针钩织第 2 片花片的第 2 片花瓣，然后用与步骤 1 同样的方法把它拼接到主体上。

7 重复进行步骤 1～6，在主体的边缘钩织 18 片花片。图示为钩织完 3 片花片的情形。

8 从第 1 片花片的花瓣入针，把第 18 片花片最后 1 个针目引拔出，完成小花图案下半部分的钩织。

第 2 圈（为了易于理解，换另一种颜色的线钩织）

1 向第 18 片花片的花芯方向钩织 3 针锁针，然后按照编织符号图钩织花瓣。

2 钩织到第 18 片和第 17 片的交界处时，按照步骤 1 的箭头方向入针，钩织引拔针。

3 重复步骤 1 和步骤 2，钩织小花图案的上半部分。

4 连续钩织 18 片花片，完成上半部分的钩织。

花片的拼接方法

作品 30 作品见p.25，钩织方法见 p.27

1 在花片拼接的位置暂时将钩针取出，然后将钩针插入另一个拼接花片的短针中。

2 再将钩针插入刚才的针目中，（上图），在拼接花片的针目中直接引拔出（下图）。

3 将钩针插入下一个针目中，在针上挂线，钩织短针。按照编织符号图继续钩织。

4 拼接后的花片如图所示。

花样的钩织方法

作品 71 作品见 p.52，钩织方法见 p.58

1 钩织到宝石第 6 圈的 X 符号位置。

2 第 6 圈的 X 符号处换线，将钩针插入 3 圈下方（第 3 圈）步骤 1 的★处的针目中，钩织短针。

3 按照编织符号图钩织 1 行花样后如图所示。

拼接方法

1 宝石钩织到最后，把最后一圈的外侧半针用缝纫针逐一卷针缝。

2 如图所示用钩针底部塞入填充棉。

3 拉紧卷针缝缝线。

4 把步骤 3 的线头穿入缝纫针中，将戒指的一端和宝石以卷针缝缝 3~4 针。

5 把缝纫针穿过宝石，从戒指的另一侧抽出，按照步骤 4 的方法进行卷针缝。线头穿过宝石后剪断。

钩织花萼、茎和叶子

作品 73 作品见 p.53，钩织方法见 p.59

1 先钩织1片花萼，再钩织1片。第2片花萼主体完成后钩织21针锁针，从针目中暂时取出钩针。在第1片花萼中插入钩针，再插入第2片花萼脱离的针目中。

2 按照图示将挂到钩针上的针目从第 1 片花萼的针目中引拔出。把锁针的里山按照箭头方向挑起，钩织茎和叶子。

3 钩织完茎和叶子后再钩织第 2 片花萼剩余的针目（主图）。把线头藏到织片中，剪断（右上图）。

把花芯重叠到花萼上再钩织花瓣

1 把钩织花瓣的线穿入缝纫针中，再穿入花芯的反面。

2 把花芯重叠到花萼上，分别在外侧半针中入针，挂线后按照箭头方向引拔出（主图）。引拔钩织完成后如右上图所示。

3 按照编织符号图钩织花瓣。钩织 1 片花瓣后如图所示。

4 钩织约 9 片花瓣后塞入填充棉。如图所示，使用钩针的底部更便于塞入填充棉。

5 继续钩织花瓣（主图），钩织完的线头穿过反面，藏入花萼中，剪断（右上图）。

part1

Corsage

胸花

1

2

1 郁金香

2 郁金香和香雪兰

钩织方法：见 p.10

郁金香、玛格丽特花、蒲公英、香雪兰，都是能够让人感受到亲切和季节感的花。这些颜色各式各样的配饰花，别在衬衫、手提包等物品的上面，能够让人马上感受到春天的气息。

3

4

3　玛格丽特花和小麦

4　蒲公英

钩织方法：见 p.11

1

作品见p.8

材料：奥林巴斯 EMMY GRANDE 绿色（238）1克，EMMY GRANDE（HERBS）绿色（273）1克、红色（190）2克；胸针（9-11-2 银色）1个，制花专用金属丝（#28）15cm
针：0号蕾丝针
尺寸：参见图片

郁金香A 红色 1片

圈数表

圈数	针数	加减针
11	参见图片	参见图片
10	12	-4
9	16	
8	16	-4
4~7	20	
3	20	+4
2	16	+8
1	8	

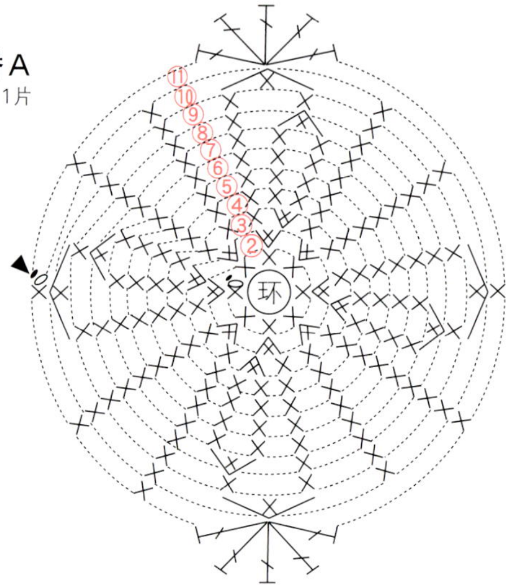

叶子 绿色（238） 1片

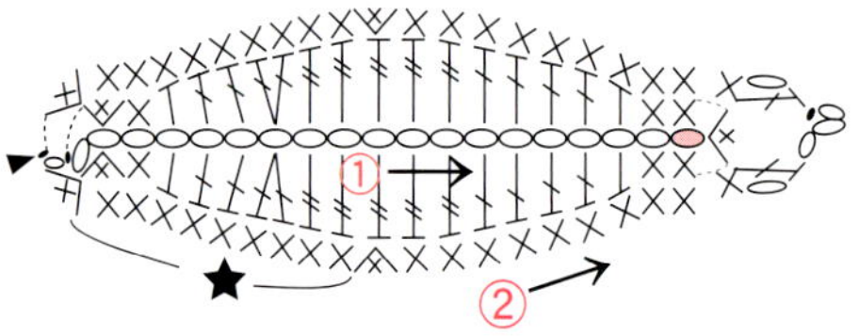

⬭=钩织起始处　锁针（18针）起针

郁金香B 红色 2片

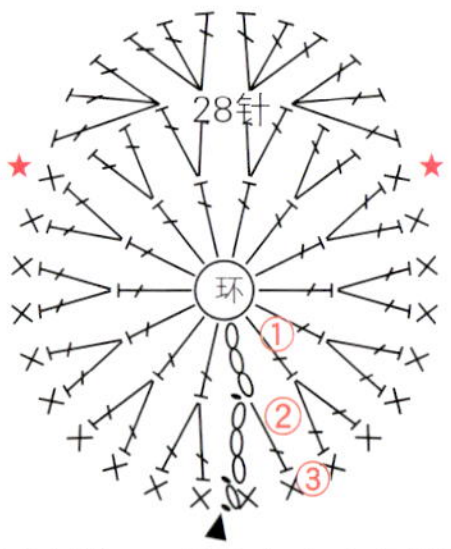

在这个位置钩织拼接2片织片

第1圈的针数=14针（包含立起的锁针）

拼接方法

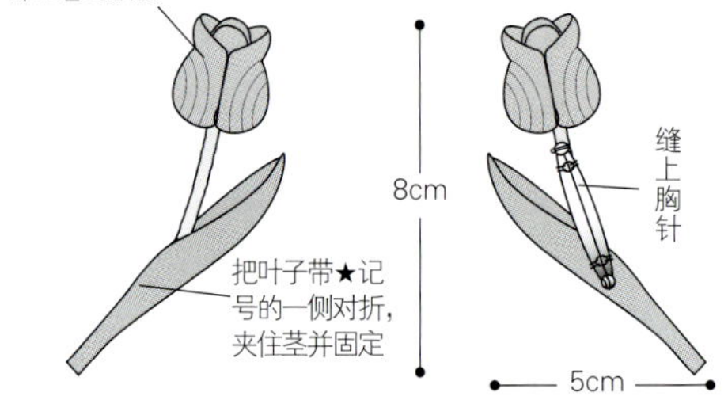

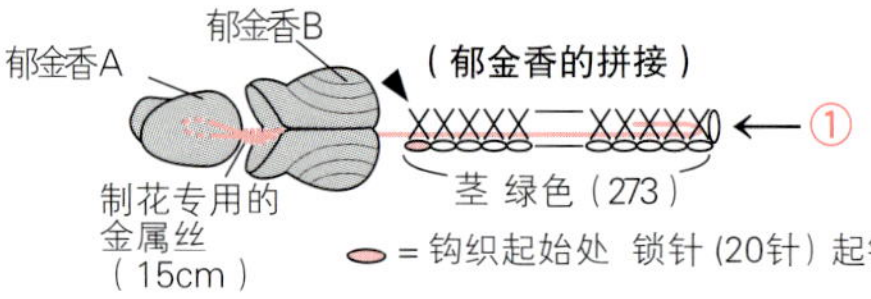

⬭=钩织起始处　锁针（20针）起针

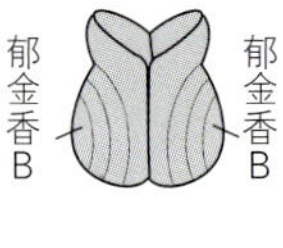

①将金属丝穿过郁金香A。
②将金属丝穿过郁金香B。
③在郁金香B的中心系线，开始钩织茎。

2

作品见p.8

材料：奥林巴斯 EMMY GRANDE 绿色（273）3克，黄色（521）、深粉色（127）、粉色（104）各2克；胸针（9-11-2 银色）1个，制花专用金属丝（#28）36cm，缎带25cm
针：0号蕾丝针
尺寸：参见图片

郁金香

深粉色、粉色 各1片

※郁金香的钩织方法和作品1一样（不需要叶子）。
※茎25针，用绿色线。

香雪兰 花瓣 3片

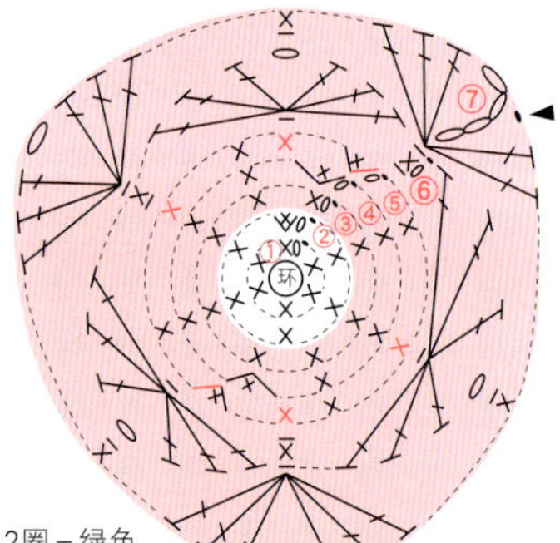

第1、2圈＝绿色
第3～7圈＝黄色

第6圈=挑起第5行的短针（✕）的正面半针进行钩织
第7圈=挑起第5行的短针（✕）的反面半针进行钩织

香雪兰 茎 绿色

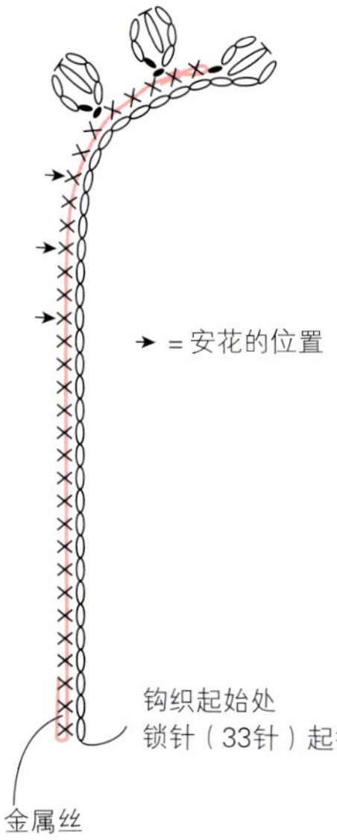

基底

通用编织符号图

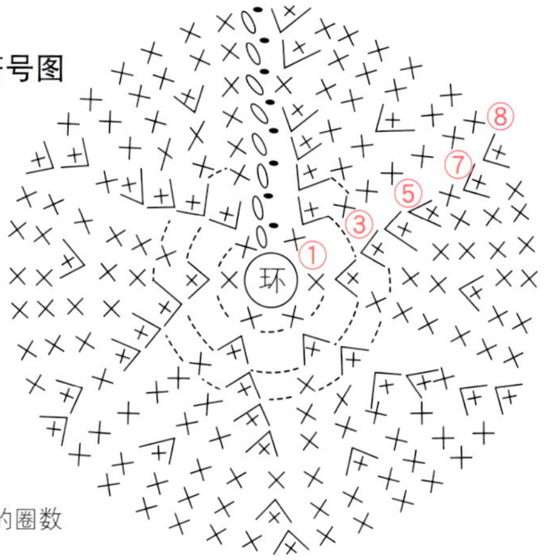

拼接方法

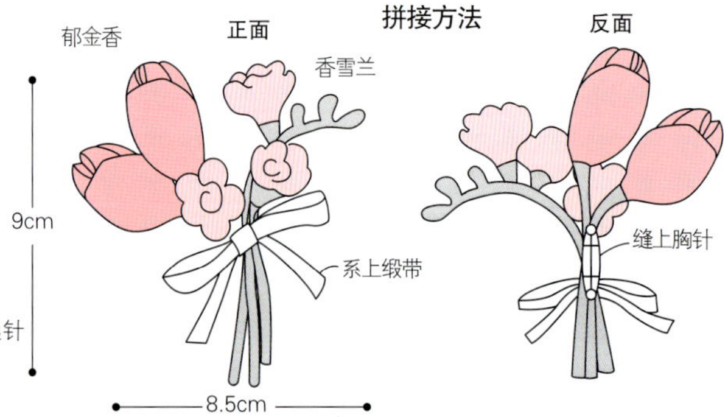

3

作品见p.9
要点提示见p.4、p.5

材料：奥林巴斯 EMMY GRANDE 绿色（238）1克，EMMY GRANDE（COLORS）黄色（555）1克、本白色（804）2克、橘黄色（755）2克，EMMY GRANDE（HERBS）绿色（273）1克、橘黄色（171）2克，胸针（9-11-1 银色）1个，制花专用金属丝（#28）80cm，0.3cm宽的缎带15cm
针：0号蕾丝针
尺寸：参见图片

玛格丽特花

3片

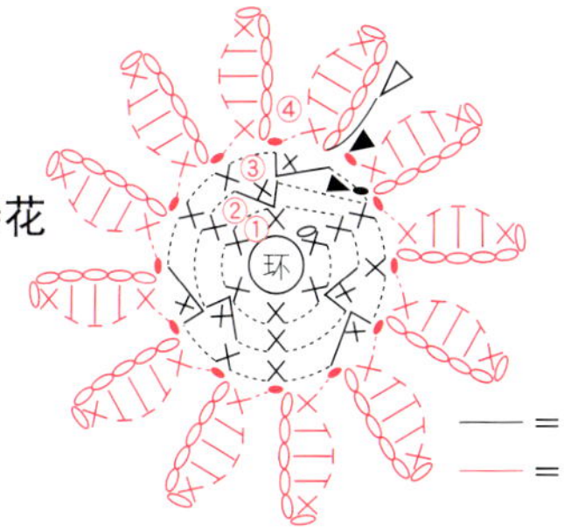

—— = 黄色、绿色（273）各1片
—— = 本白色

①用黄色、绿色线各钩织1片，均钩织到第3行，并把绿色重叠在黄色下面。
②在重叠的状态下钩织第4圈，并将线头塞进去。

叶子 3片

绿色（238）

拼接方法

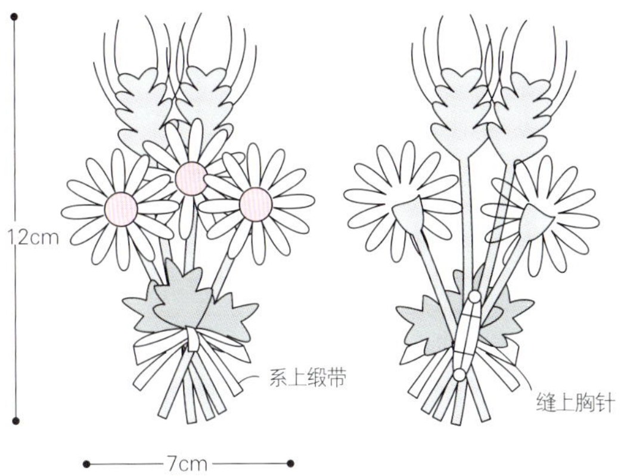

（玛格丽特花的拼接）3片

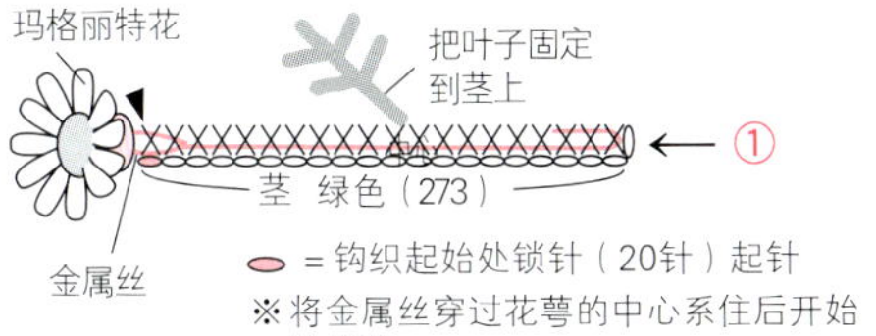

= 钩织起始处锁针（20针）起针
※将金属丝穿过花萼的中心系住后开始钩织茎。

小麦 绿色（273）2片

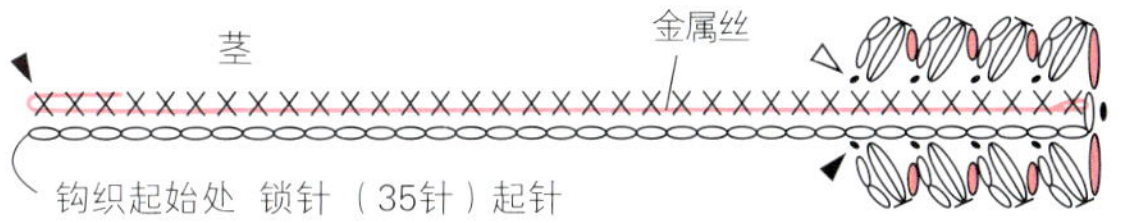

麦穗 绿色（273）

= 安麦芒的位置
麦芒是用10cm长的线对折成的。安好后，麦芒头倾斜地剪成3cm的长度（参见p.5）。

4

作品见p.9

材料：奥林巴斯 EMMY GRANDE 黄色（521）3克、黄色（520）2克、绿色（288）3克；胸针（9-11-1银色）1个，圆角毛毡（橄榄绿色）0.5cm×7cm，0.5cm宽的缎带15cm，制花专用金属丝（#28）60cm
针：0号蕾丝针
尺寸：参见图片

蒲公英A

黄色（520）2片

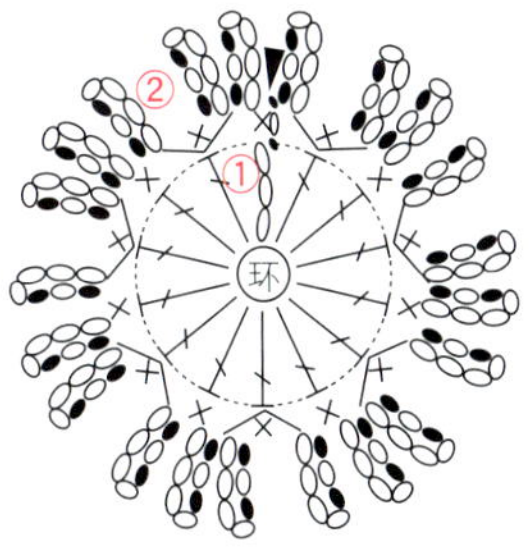

第1圈的针数=14针（包含立起的锁针）

蒲公英B

黄色（521）2片

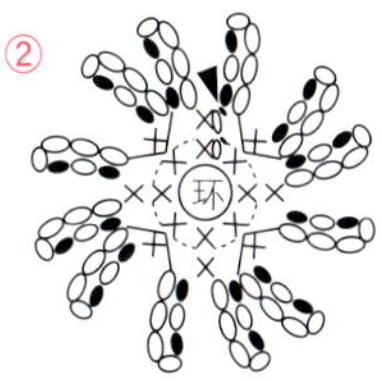

※把蒲公英B放在蒲公英A上，然后再放上蒲公英C，在中心固定。

蒲公英C

黄色（520）2片

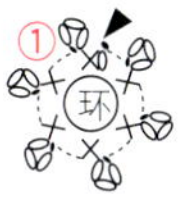

拼接方法

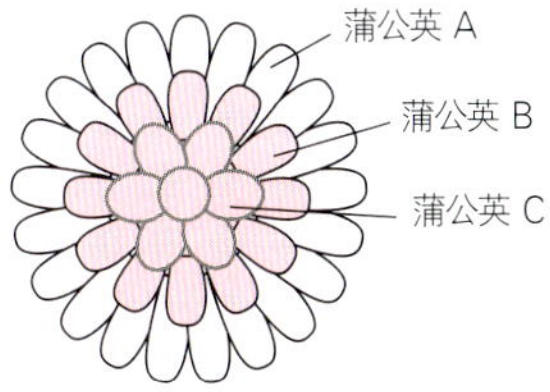

花蕾 黄色（521）1片

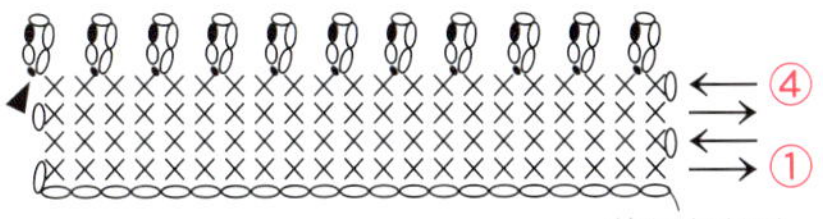

※卷起后固定底部。

钩织起始处
锁针（21针）起针

（蒲公英的拼接） 2根

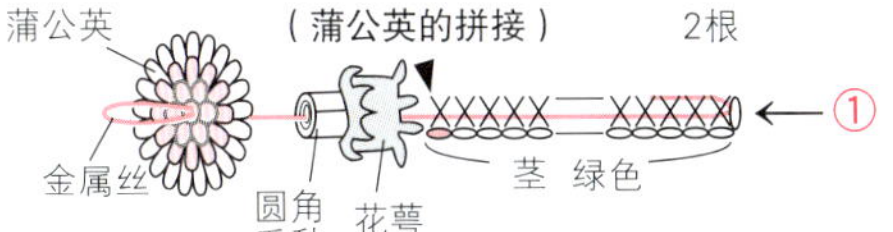

（0.5cm×7cm）

= 钩织起始处
锁针（24针）起针

（花蕾的拼接） 1根

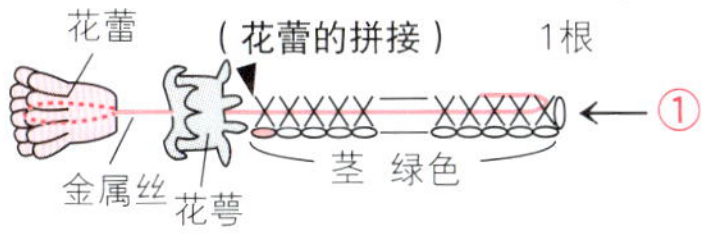

= 钩织起始处
锁针（24针）起针

花萼

绿色 3片

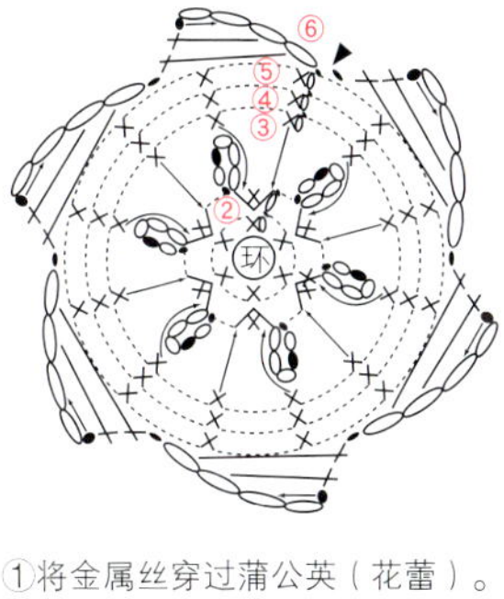

①将金属丝穿过蒲公英（花蕾）。
②将金属丝穿过花萼。
③固定蒲公英（花蕾）和花萼。
④将金属丝在花萼的中心处系住后开始钩织茎。

拼接方法

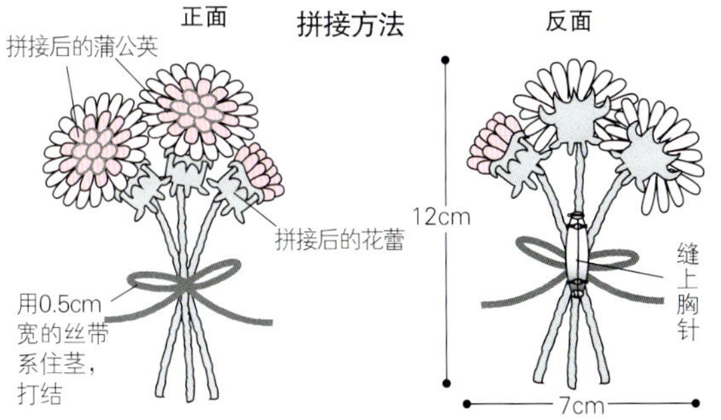

Corsage
胸花

5a

5b

5a　黄色三色堇

5b　紫色三色堇

钩织方法：见 p.74

色彩丰富的三色堇。试着用不同颜色的线钩织会有什么样的效果呢？

Corsage
胸花

6

7

8

9

10

11

12

13

6~9　雏菊和甘菊

10~13　幸运草

钩织方法：作品 6~9 见 p.14，作品 10~13 见 p.15

除了漂亮的花花草草，还有被它们吸引的小蜜蜂和瓢虫。

7

作品见p.13

材料：奥林巴斯 EMMY GRANDE 黄色（521）少许，EMMY GRANDE（HERBS）粉色（119）3克、绿色（273）少许，EMMY GRANDE（COLORS）绿色（265）2克；胸针（9-11-2 金色）1个，填充棉 少许

针：0号蕾丝针

尺寸：参见图片

花A 1片

——=粉色
——=黄色

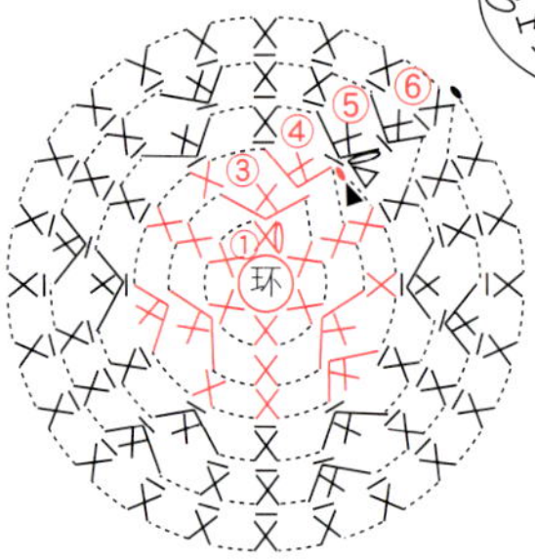

叶子 绿色（265） 2片

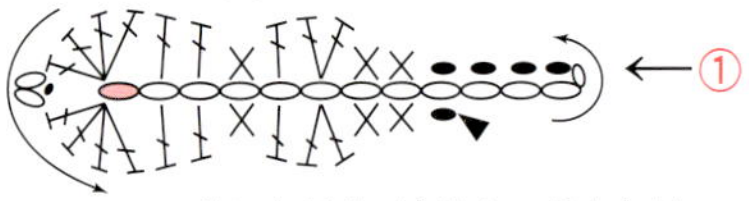

⬭=钩织起始处 锁针（12针）起针

花样钩织 粉色

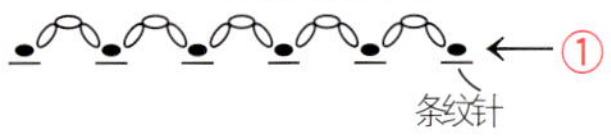

※条纹针部分（第4~6圈）的前侧半针进行花样钩织（参见图片）。钩织到末行时，把反面和正面重叠在一起，边塞入填充棉边进行缝合。

反面 粉色 1片

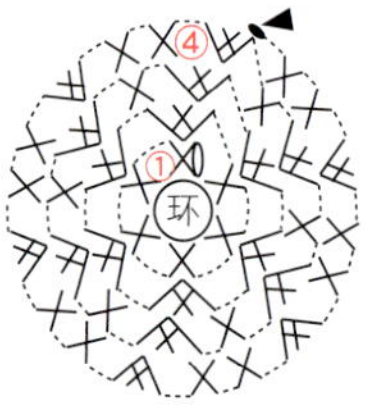

茎A 绿色（273） 1条

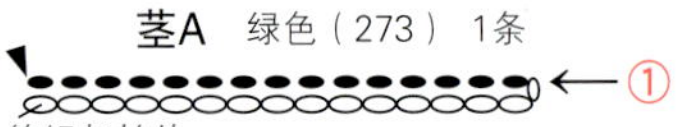

钩织起始处
锁针（15针）起针

拼接方法

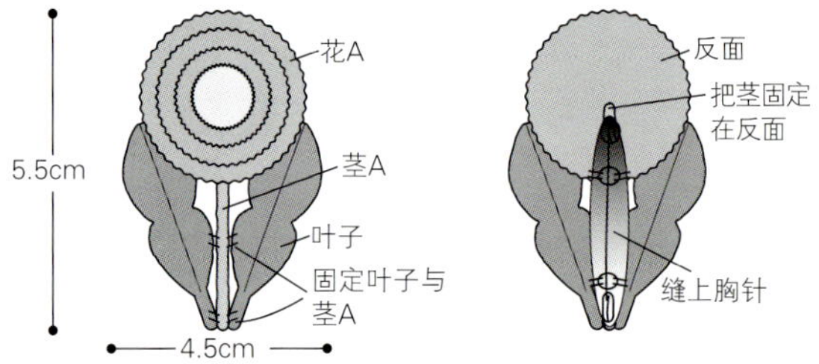

8

作品见p.13

材料：奥林巴斯 EMMY GRANDE 黄色（521）少许，EMMY GRANDE（HERBS）粉色（119）3克、绿色（273）少许，EMMY GRANDE（COLORS）绿色（265）2克；胸针（9-11-2金色）1个，填充棉 少许

针：0号蕾丝针

尺寸：参见图片

叶 绿色（265） 1片

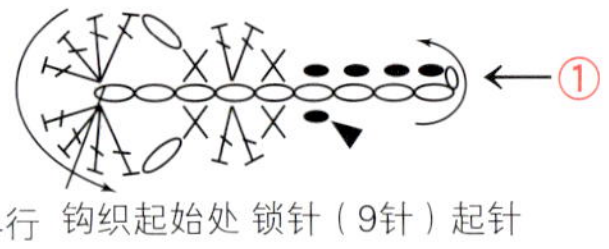

钩织起始处 锁针（9针）起针

基底 绿色（273） 1片

基底的编织符号图参见p.10，钩织到第4行

花A 粉色、黄色 1片

（与作品7的花A的钩织方法相同）

反面 粉色 1片

（与作品7的反面的钩织方法相同）

花B 白色、黄色 2片

（与作品9的花B的钩织方法相同）

花萼 绿色（273） 2片

（与作品9的花萼的钩织方法相同）

拼接方法

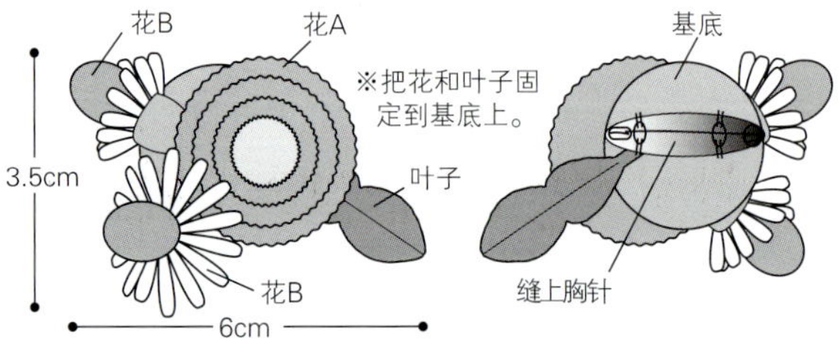

6

作品见p.13

材料：奥林巴斯 EMMY GRANDE 黄色（521）2克、淡蓝色（361）1克，EMMY GRANDE（HERBS）粉色系（119）5克、绿色（273）2克、白色（800）1克、茶色（745）1克；胸针（9-11-2金色）1个，填充棉 少许

针：0号蕾丝针

尺寸：参见图片

基底 绿色 1片

（基底编织符号图参见p.10，钩织到第5圈）

花A 粉色、黄色 2片

（与作品7 的花A的钩织方法相同）

反面 粉色 2片

（与作品7 的反面的钩织方法相同）

茎A 绿色 2片

（与作品7 的茎A的钩织方法相同）

花B 白色、黄色 2片

（与作品9 的花B的钩织方法相同）

花萼 绿色 2片

（与作品9花萼的钩织方法相同）

茎B 绿色 2片

（与作品9的茎B的钩织方法相同）

蜜蜂的翅膀 淡蓝色 2片

蜜蜂的身体 1片

——=棕色
——=黄色

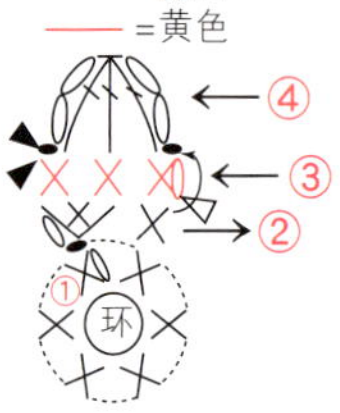

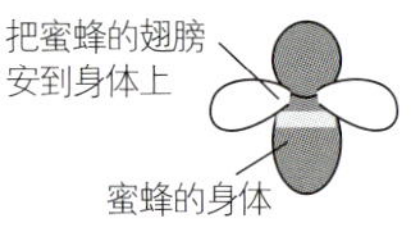

拼接方法

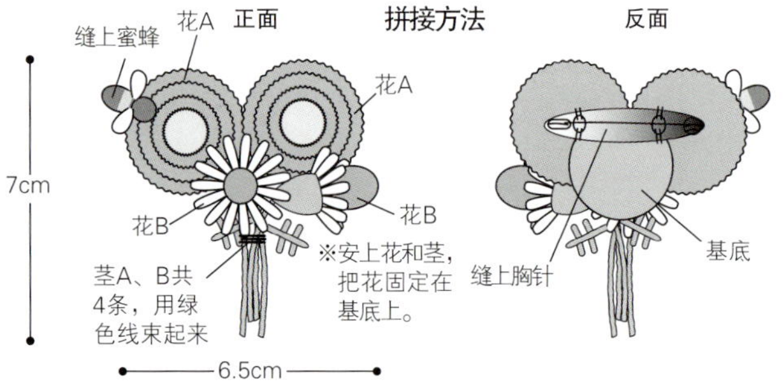

9

作品见p.13

材料：奥林巴斯 EMMY GRANDE 黄色（521）2克，EMMY GRANDE（HERBS）绿色（273）2克、白色（800）1克；胸针（9-11-1 金色）1个，填充棉 少许

针：0号蕾丝针

尺寸：参见图片

花B 3片

——=白色
——=黄色

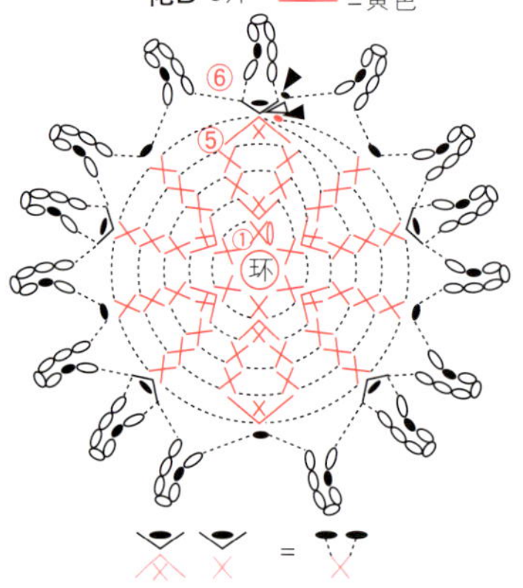

※花B钩织到第5圈，和花萼在正面相对重叠，挑起前侧的半针，钩织第6圈（钩织第6圈前先把填充棉塞入到花B和花萼的里面）。

花萼 绿色 3片

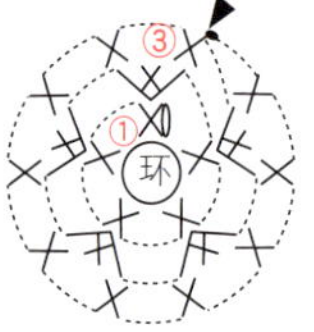

茎B 绿色 3根

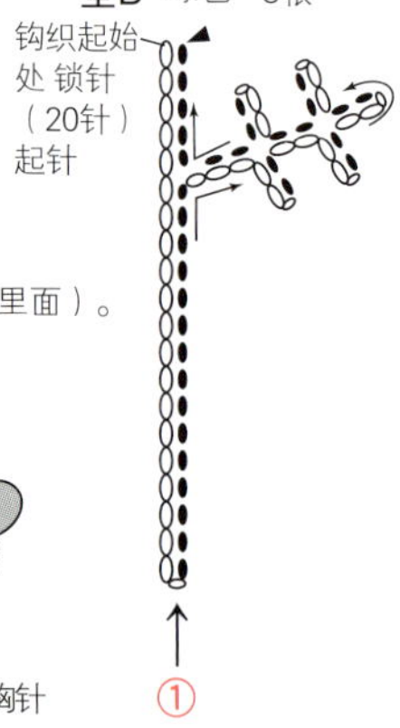

拼接方法

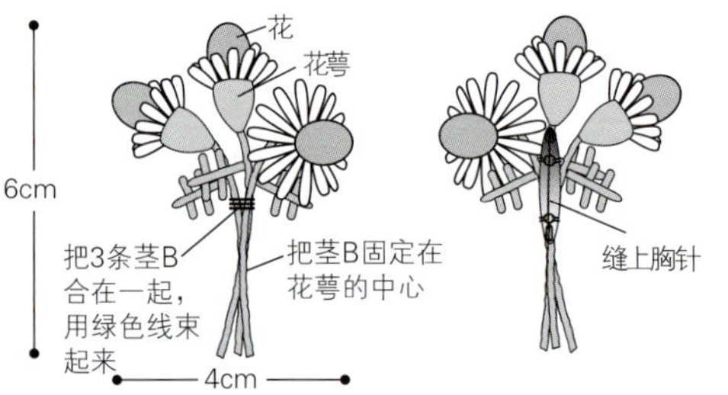

10

作品见p.13

材料： HOBBYRA HOBBYRE CROCHET COTTON 绿色（23）、绿色（18）各1克，黄色（2）少许；胸针（9–11–2 金色）1个
针：2号蕾丝针
尺寸：参见图片

四叶草
a=1片
b=1片

四叶草的配色表

	a	b
——（黑线）	23	18
——（红线）	2	23

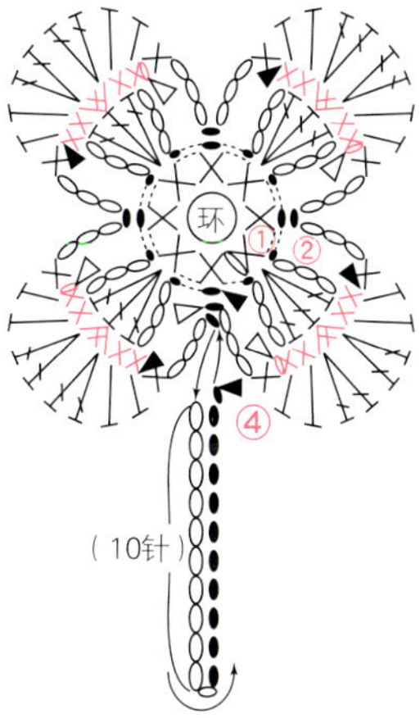

拼接方法

正面

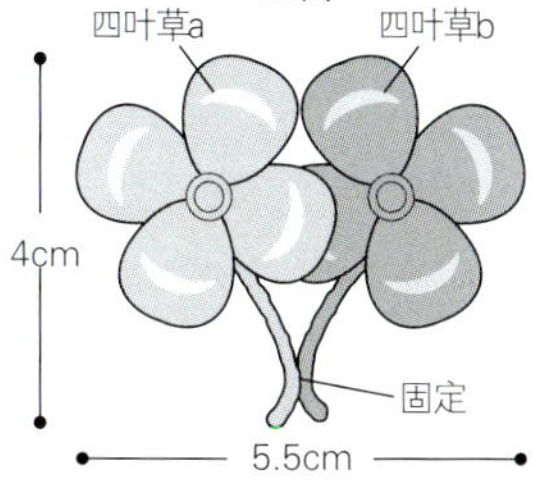

反面

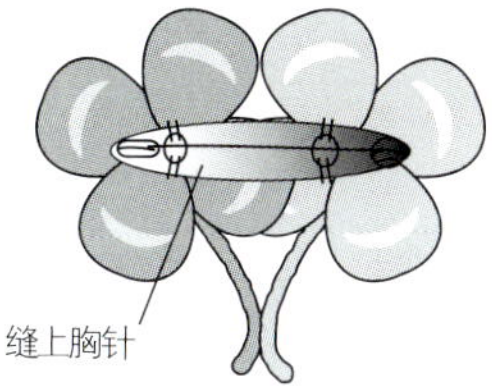

11

作品见p.13

材料： HOBBYRA HOBBYRE CROCHET COTTON 绿色（18）1克，绿色（23）、红色（9）、黑色（14）各少许；胸针（9–11–1 金色）1个，黑色的圆形小串珠5颗
针：2号蕾丝针
尺寸：参见图片

四叶草 1片
—— =绿色（18）
—— =绿色（23）

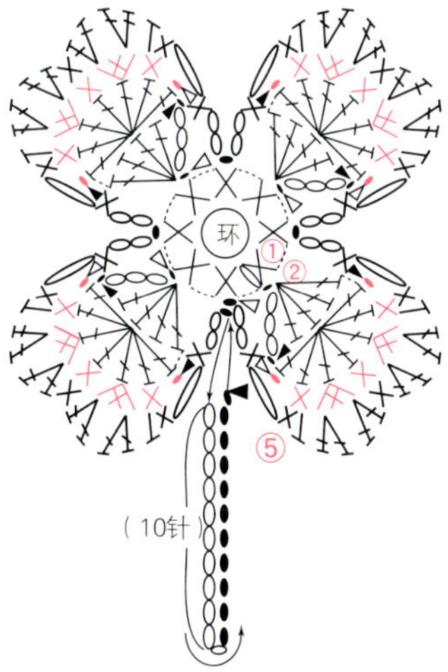

瓢虫
1片
—— =红色
—— =黑色

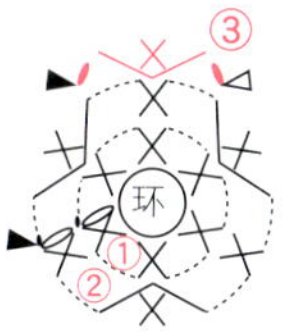

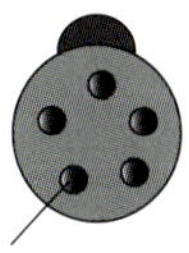

拼接方法

正面

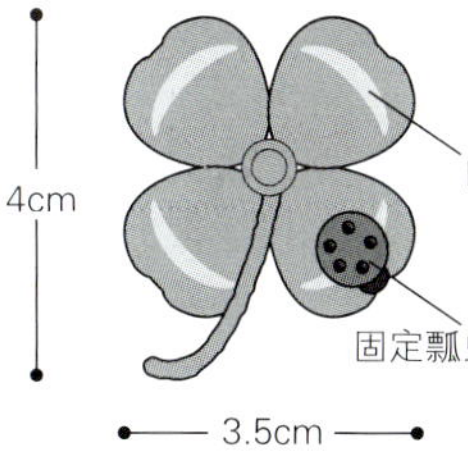

反面

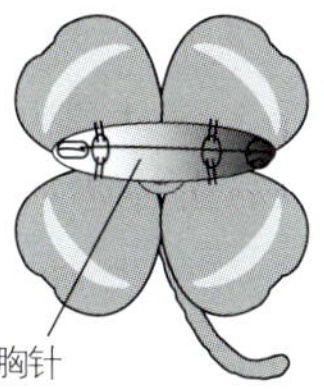

12

作品见p.13

材料： HOBBYRA HOBBYRE CROCHET COTTON 本白色（10）少许，绿色（23）1克，绿色（18）1克，黄色（2）少许；胸针（9–11–2 金色）1个，米色细线 20cm
针：2号蕾丝针
尺寸：参见图片

三叶草
a=1片
b=1片

三叶草的配色表

	a	b
——（黑线）	23	18
——（红线）	2	23

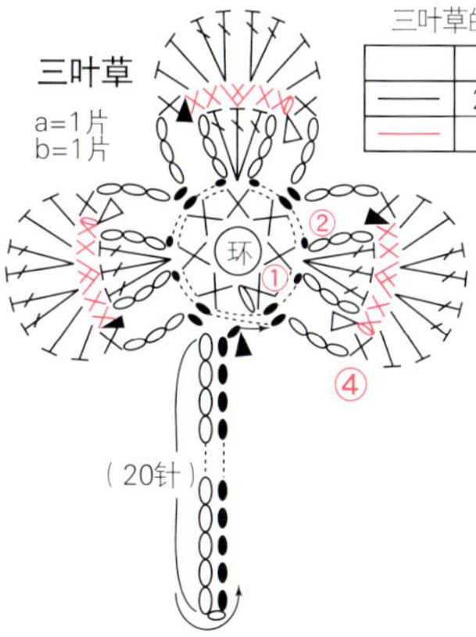

白花三叶草
本白色 2片

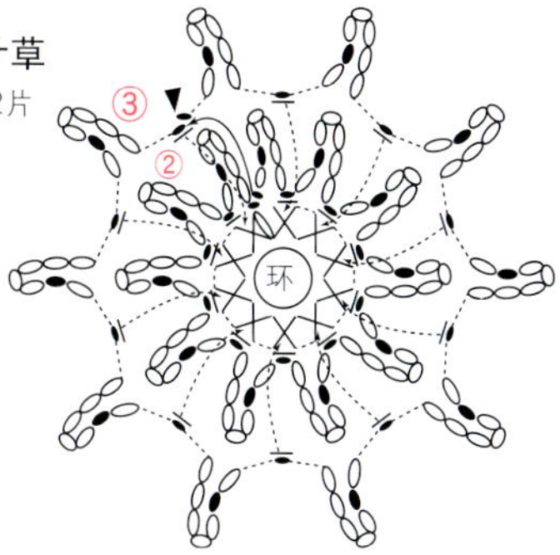

※第2圈的引拔针是挑起第1圈短针的正面半针进行钩织。第3圈的引拔针是挑起第1圈短针的反面半针进行钩织。
※ 2片白花三叶草正面重合（参见下图）。

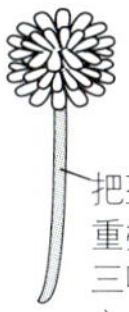

茎 绿色（23） 1片

拼接方法

正面

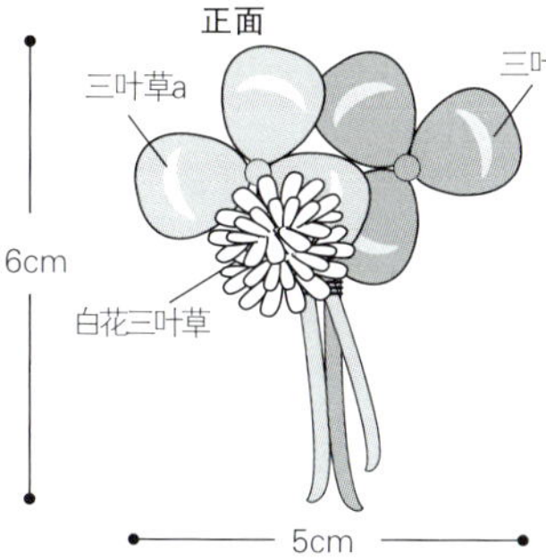

反面

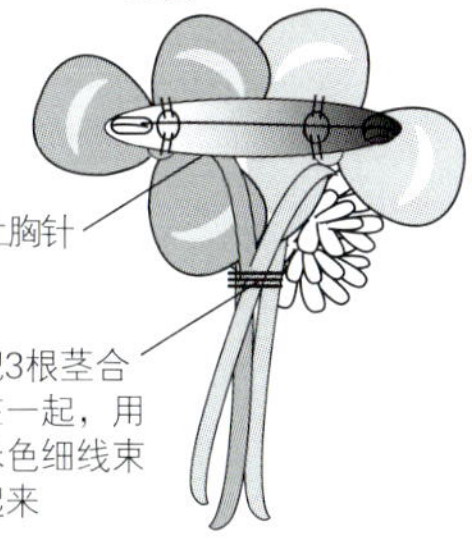

13

作品见p.13

材料： HOBBYRA HOBBYRE CROCHET COTTON 本白色（10）1克，绿色（18）2克，绿色（23）1克，红色（9）、黑色（14）、黄色（2）各少许；胸针（9–11–2 金色）1个，黑色的圆形小串珠 5颗
针：2号蕾丝针
尺寸：参见图片

三叶草 a=1片
b=2片
（与作品12的三叶草钩织方法相同）

瓢虫 1片
（与作品11的瓢虫钩织方法相同）

白花三叶草 本白色 4片
（与作品12的花钩织方法相同）

茎 23 2根
（与作品12的茎钩织方法相同）

拼接方法

正面

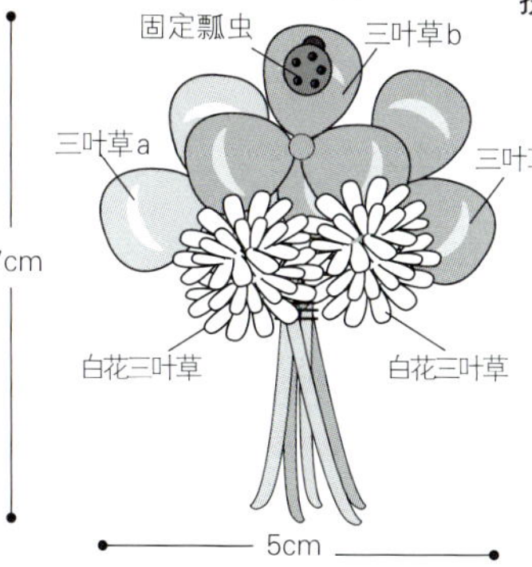

反面

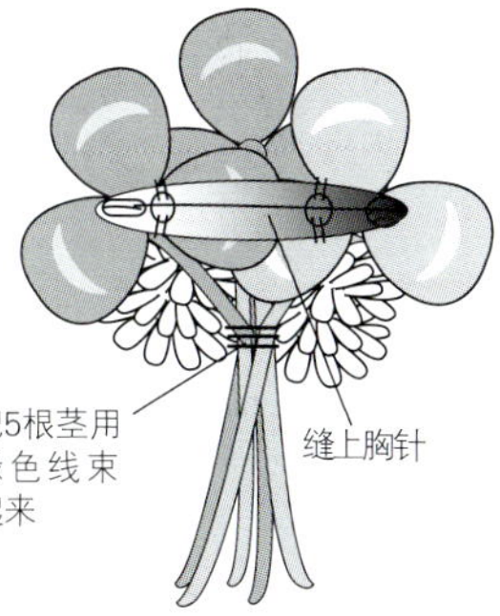

Corsage
胸花

14

15

14　勿忘草

15　铃兰

钩织方法：见 p.18

用刺绣线钩织的淡然优雅的花朵。

作品 14 左上方的图案的下半部分是绣球花的花和叶子。采用与勿忘草同样方法进行拼接，即可做绣球花的胸花。

Corsage
胸花

16

17

16　报春花
17　草莓

钩织方法：见 p.19

女性最喜欢的色彩鲜艳的花朵。
再加上几颗草莓也非常可爱。

14

作品见p.16

材料：DMC 25号刺绣线（线量包含花边）绿色（3347）5m，本白色（712）3.5m，紫色（209）2.4m，淡紫色（210）1.8m，黄色（307）0.5m，（绣球花的一部分）青紫色（340）1.8m，绿色（3347）4.2m
针：0号蕾丝针
尺寸：参见图片
*图中（ ）内的线量是1片织片的用量。

勿忘草 茎 绿色 1根 （1根用线1m）

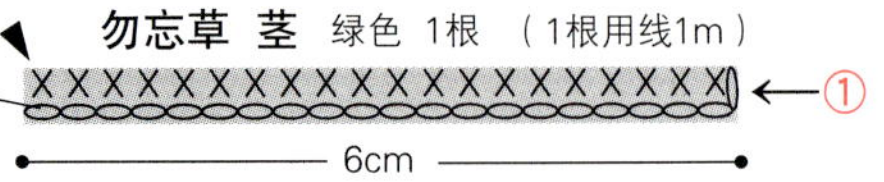

勿忘草 茎+叶子

绿色 2片 （1片用线2m）

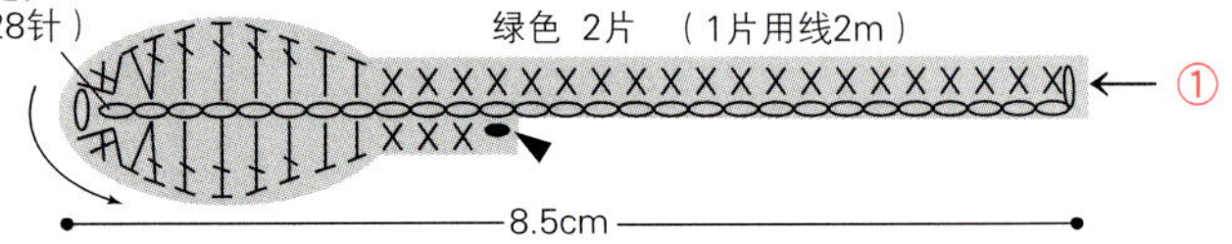

勿忘草

（1片花芯用线50cm、1片花瓣用线60cm）

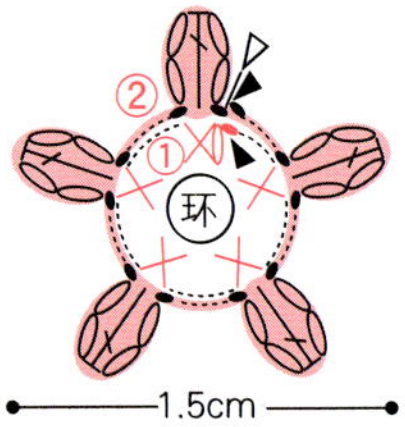

a 4片 { 第2圈=紫色 / 第1圈=本白色

b 3片 { 第2圈=淡紫色 / 第1圈=本白色

基底

淡紫色 1片

※基底的编织符号图参见p.10，钩织到第5圈。

绣球花 叶子

绿色（1片用线4.2m）

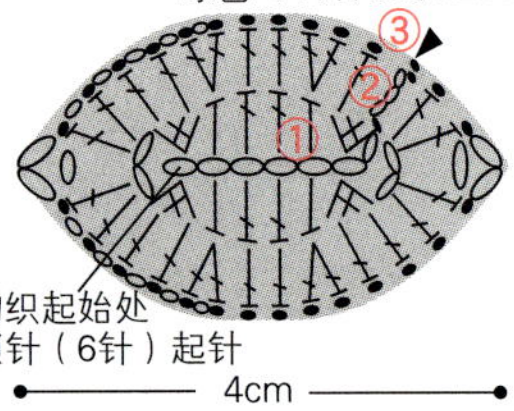

绣球花

青紫色（1片用线1.8m）

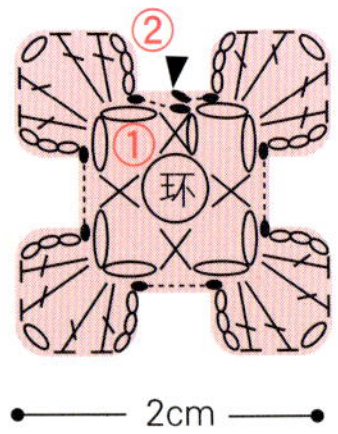

勿忘草拼接方法

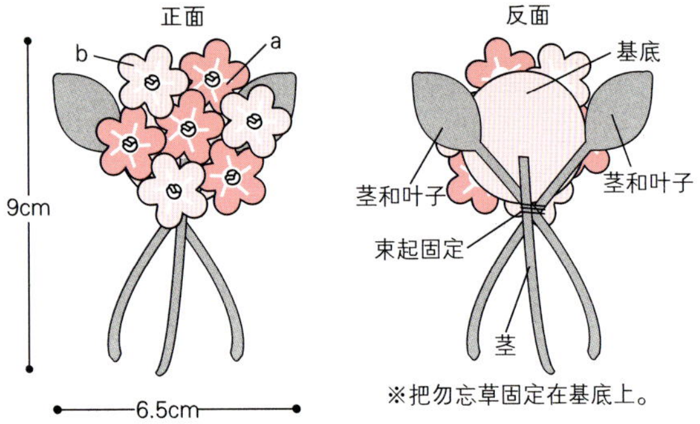

※把勿忘草固定在基底上。

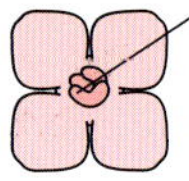

15

作品见p.16

材料：DMC 25号刺绣线（线量包含花边）奶油色（746）6m，黄绿色（471）3.5m，绿色（987）4.6m；制花专用金属丝（#28）适量
针：0号蕾丝针
尺寸：参见图片
※图中（ ）内的线量是1片织片的用量。

茎 黄绿色 a、b各1根

（a 1根用线1.5m，b1根用线1.2m）

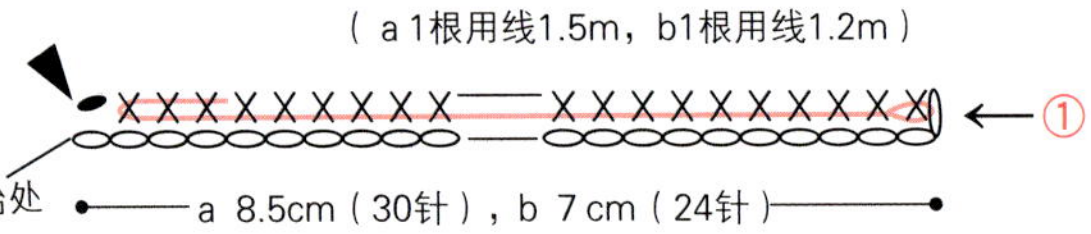

※钩织短针时把金属丝一起织进去。

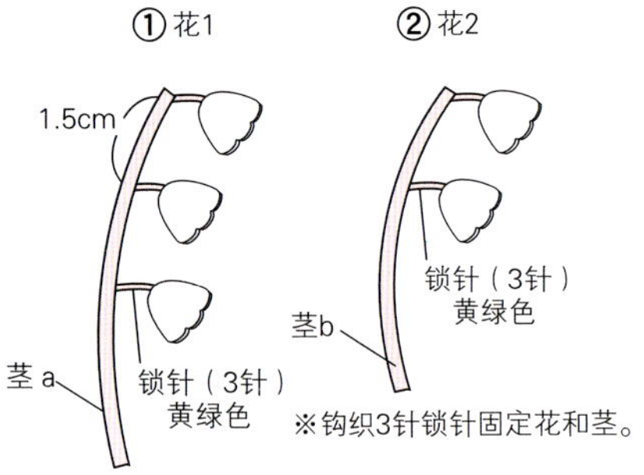

※钩织3针锁针固定花和茎。

花 奶油色 5片

（1片用线1.2m）

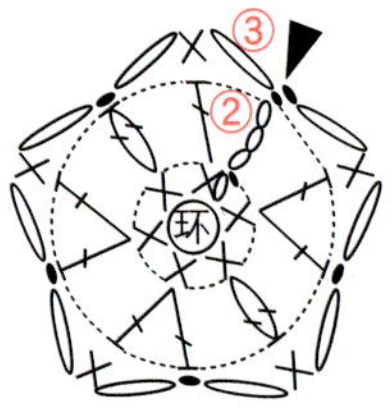

叶子 绿色 1片 （1片用线4.6m）

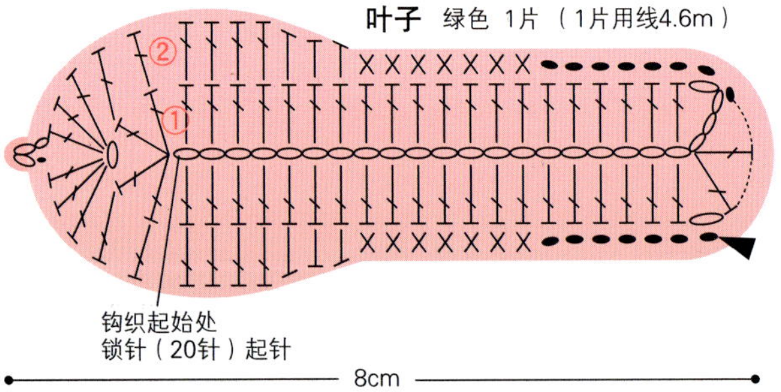

拼接方法

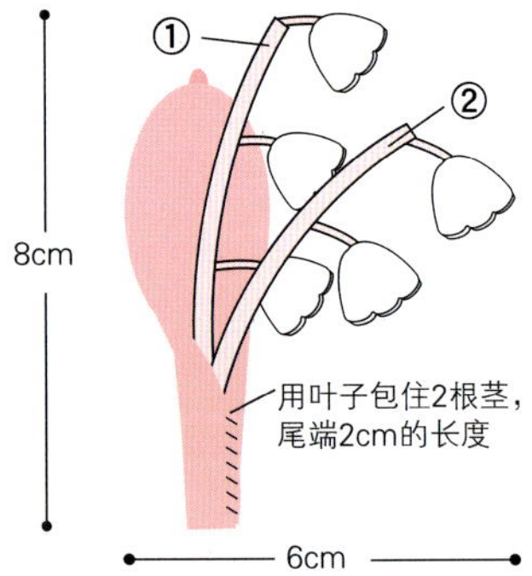

16

作品见p.17

材料：DMC 25号刺绣线（线量包含花边）绿色（989）10m，深粉色（3804）4m，黄绿色（3348）4.5m，黄色（725）2.5m，淡粉色（3689）2m；制花专用金属丝（#28）36cm3根，黄绿色缎带15cm
针：0号蕾丝针
尺寸：参见图片
※图中（ ）内的线量是1片织片的用量。

叶子 绿色 3片（1片用线3.3m）

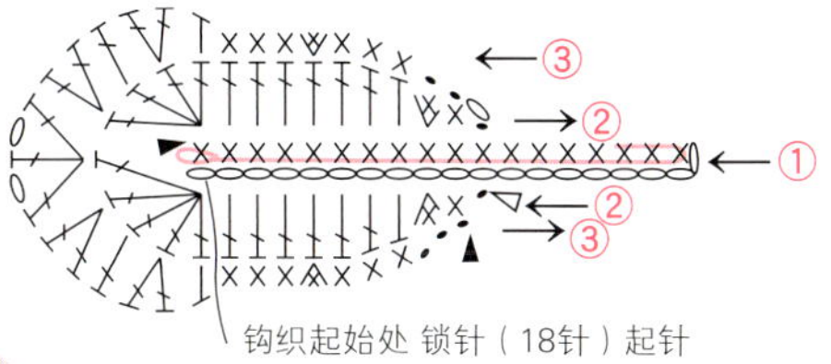

拼接方法

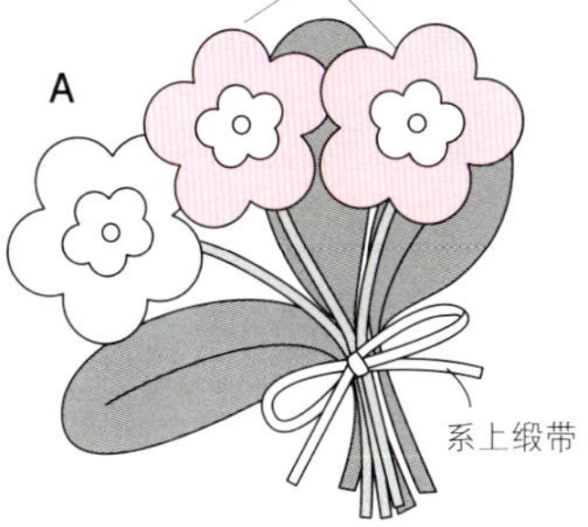

花

A 1片 B 2片

（1片 黄绿色线30cm、黄色线80cm、深粉色或淡粉色线2m）

第1圈＝黄绿色
第2、3圈＝黄色
第4圈＝（B）深粉色
（A）淡粉色

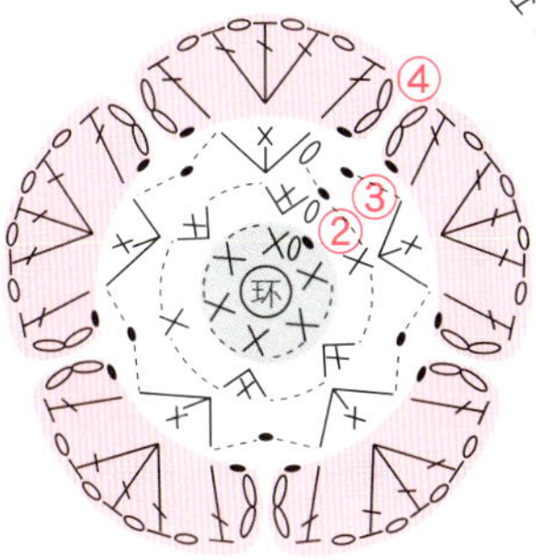

茎 黄绿色 3片

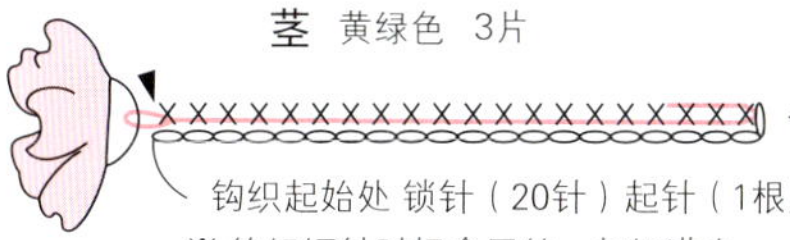

17

作品见p.17

材料：DMC 25号刺绣线（线量包含花边）绿色（3346）7.4m，深粉色（309）4.8m，白色（B5200）1.4m，茶色（300）1m，黄色（725）0.6m；填充棉 少许
针：0号蕾丝针
尺寸：参见图片
※图中（ ）内的线量是1片织片的用量。

草莓

深粉色 2片（1片用线2.4m）

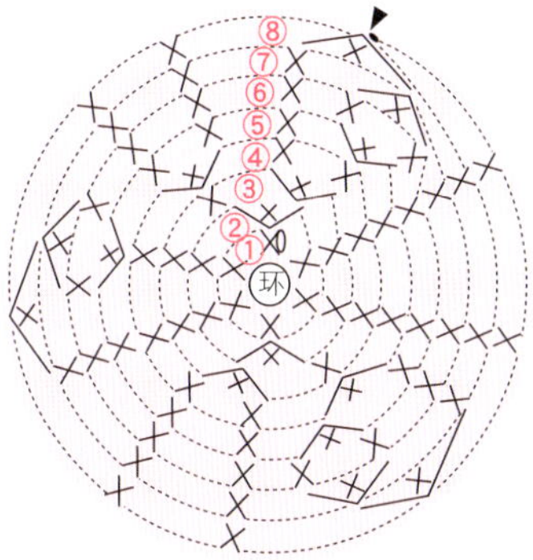

草莓针数表

圈数	针数	加减针
8	9	−3
7	12	−3
6	15	
5	15	+3
4	12	+2
3	10	+2
2	8	+2
1	6	

※ 第2圈之后一圈圈地钩织立起的锁针。

※ 塞入填充棉之后，在最后一圈的针目穿过线并拉紧。

花 2片 第2圈 白色
第1圈 黄色
（1片 黄色线30cm、白色线70cm）

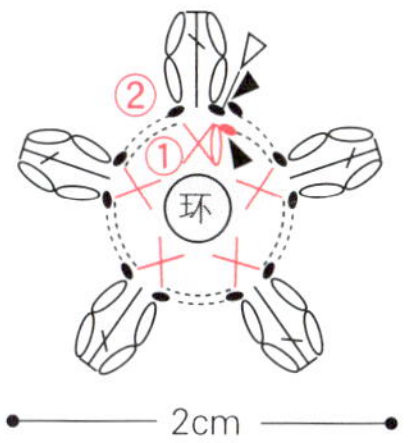

茎 绿色 2根

拼接方法

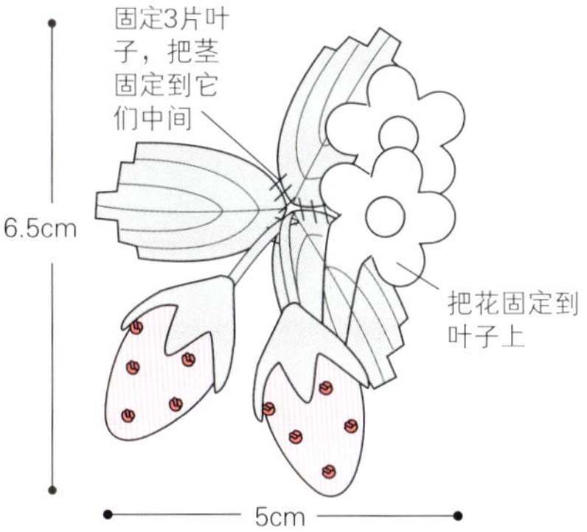

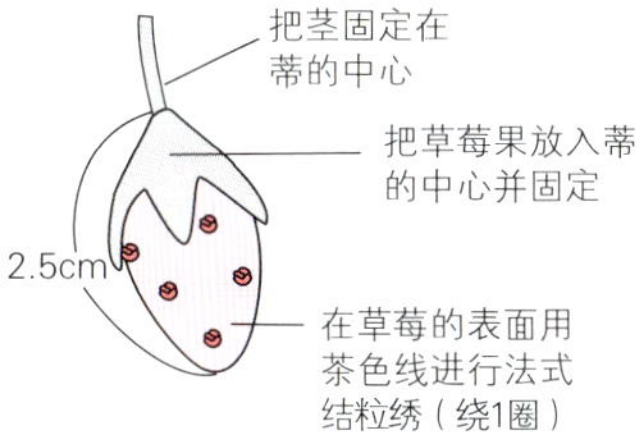

叶子 绿色 3片
（1片用线2m）

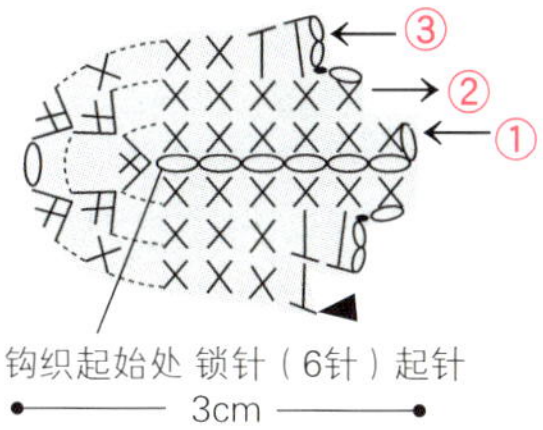

蒂 绿色 2片
（茎和蒂1组用线70cm）

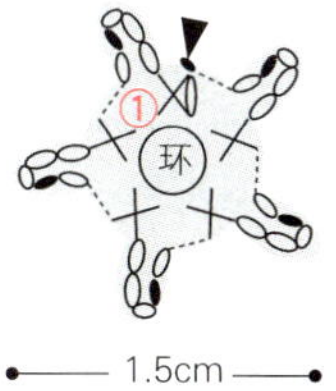

法式结粒绣

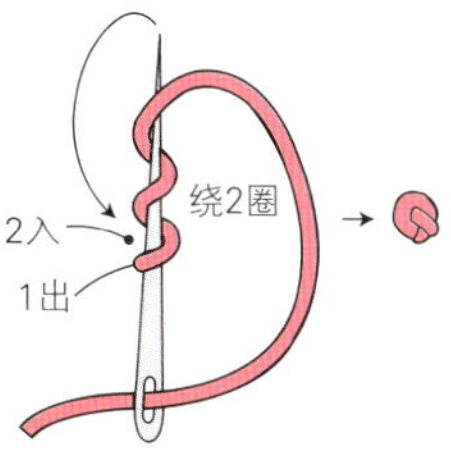

回针绣

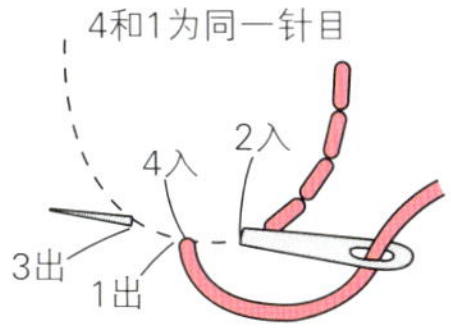

直针绣

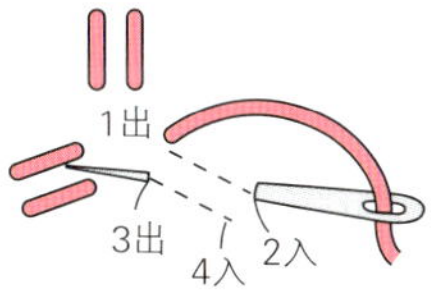

飞鸟绣

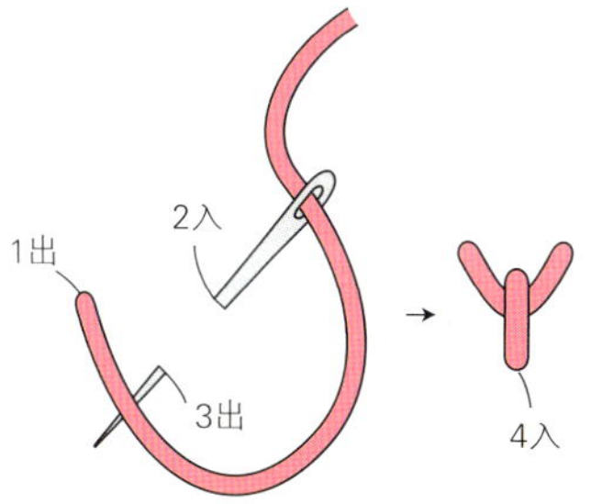

part2

Sweets

日式甜点

18 马克杯

19 草莓杯蛋糕

20 草莓

钩织方法:作品 18、19 见 p.22, 作品 20 见 p.38

小饰巾、花片、镶边和装饰带可以把餐桌装饰得更甜美。
镶边和装饰带可以系在糖果瓶上，小饰巾可以用作杯垫……
有它们陪伴的茶点时间感觉会不会更美好呢？

21 苹果
22 葡萄
23 樱桃
24 蛋糕卷

钩织方法：作品 21、22 见 p.23，作品 23 见 p.38，作品 24 见 p.39

76

作品见p.56

材料：奥林巴斯 EMMY GRANDE（HERBS）米色（732）1克，红色（190）少许；填充棉 少许
针：0号蕾丝针
尺寸：参见图片

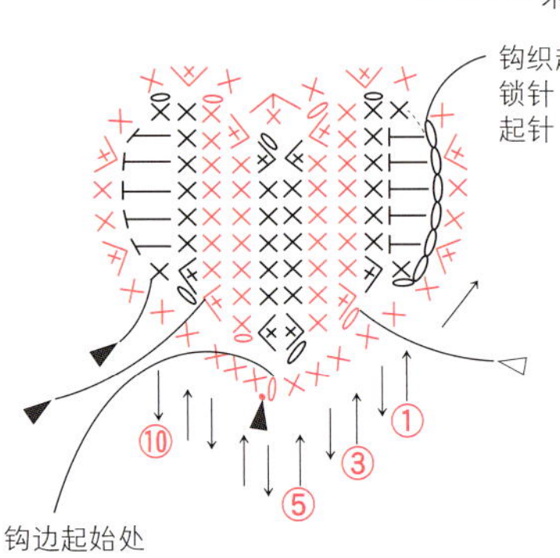

※ 钩边是把主体2片重合后，边塞入填充棉边钩织。

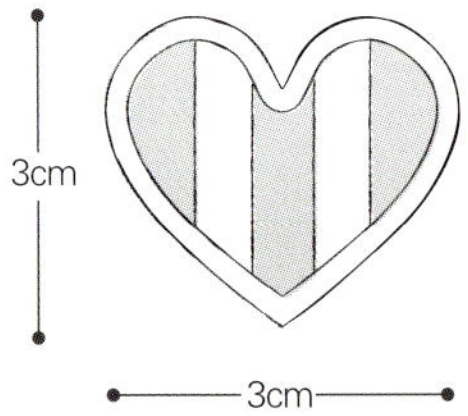

77

作品见p.56

材料：奥林巴斯 EMMY GRANDE（HERBS）红色（190）1克，米色（732）少许；填充棉 少许
针：0号蕾丝针
尺寸：参见图片

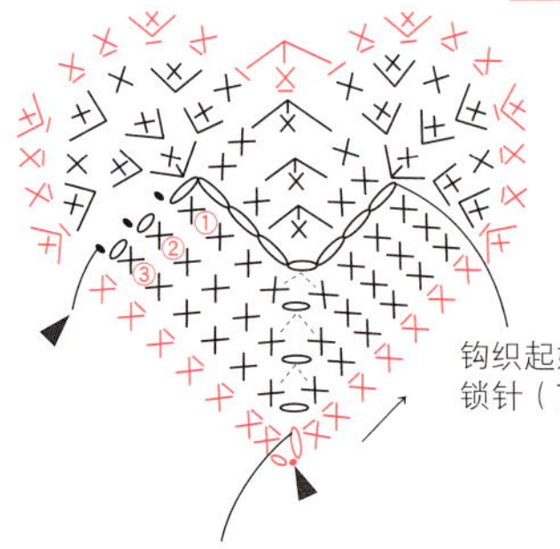

※ 钩边时把主体2片正面重合，分别挑起短针反面中心的半针（1根），边塞入填充棉边钩织。

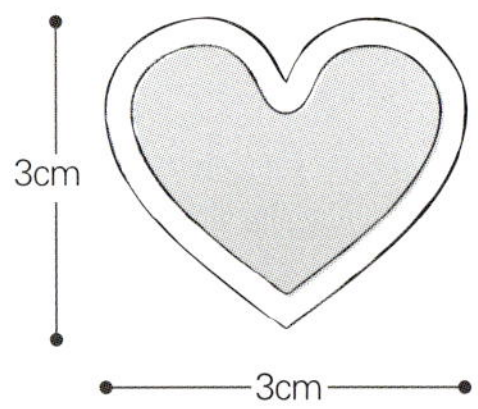

18

作品见p.20

材料：和麻纳卡 TITI CROCHET 本白色（2）7克
针：0号蕾丝针
尺寸：10cm×11cm

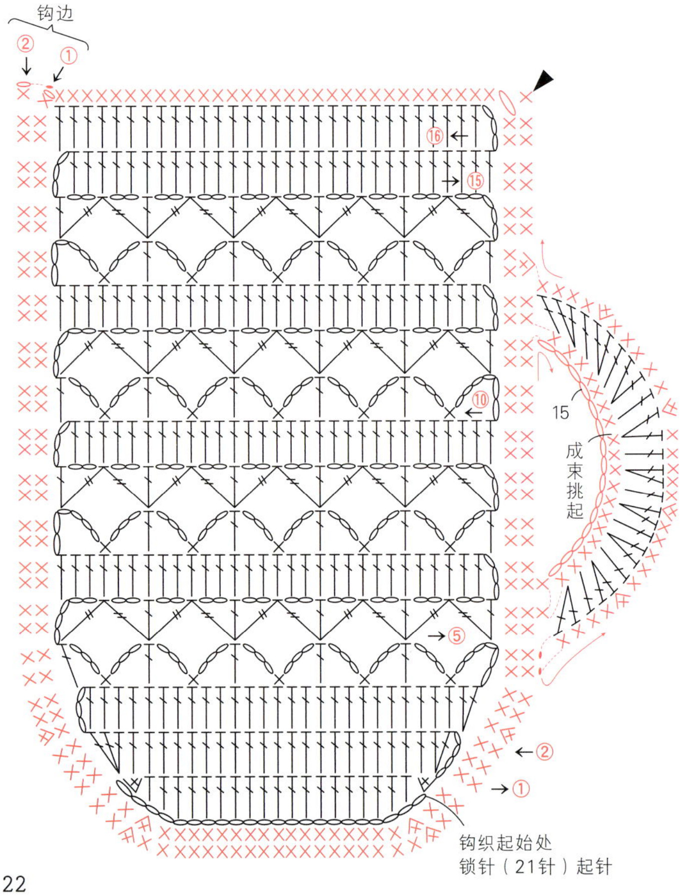

19

作品见p.20

材料：和麻纳卡 TITI CROCHET 本白色（2）6克
针：0号蕾丝针
尺寸：参见图片

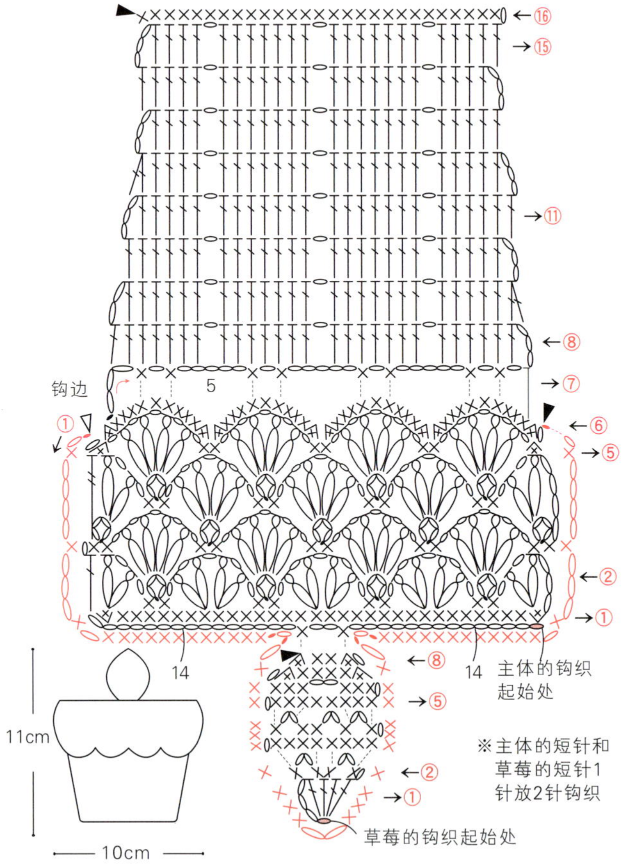

※主体的短针和草莓的短针1针放2针钩织

22

作品见p.21

材料：和麻纳卡 TITI CROCHET 紫色（10）4克，本白色（2）2克
针：0号蕾丝针
尺寸：11cm×8.5cm

○ = 花片B的钩织起始处

※在标有×记号的位置上按照❶~⓭的顺序拼接果实。

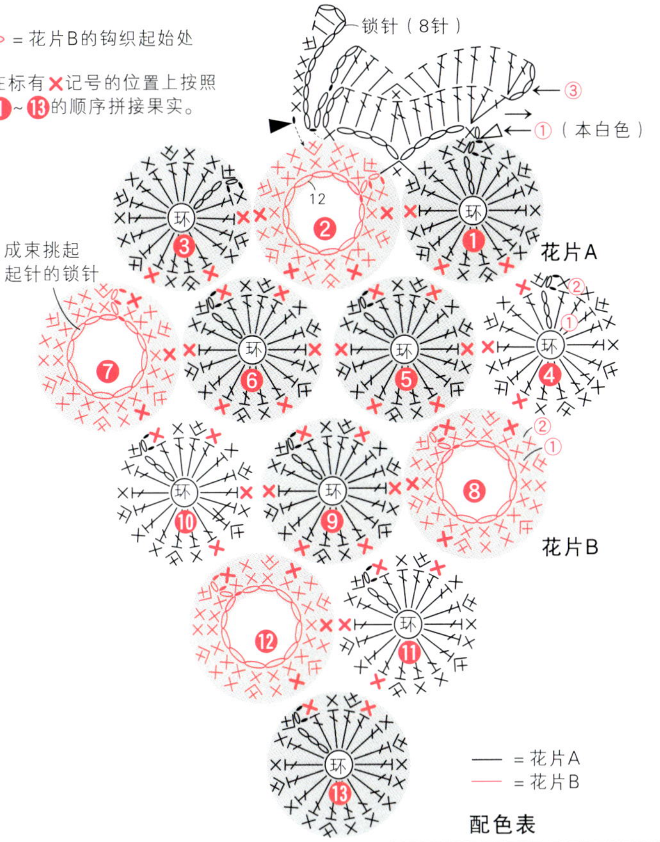

配色表

	花片A	花片B
紫色	6片	4片
本白色	3片	

21

作品见p.21

材料：和麻纳卡 TITI CROCHET 本白色（2）7克
针：0号蕾丝针
尺寸：11.5cm×10cm

※从钩边处钩织叶子。

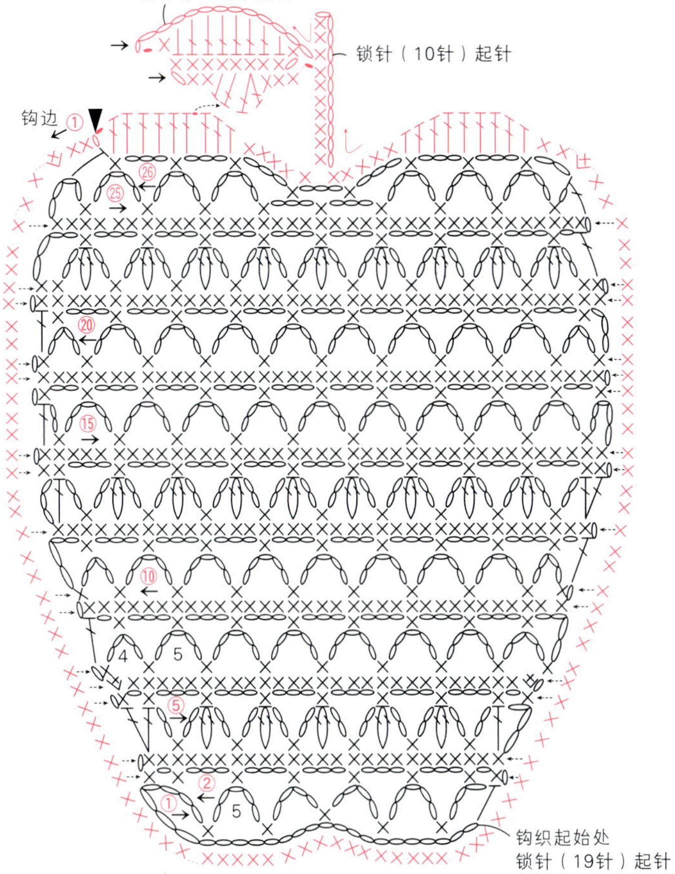

29

作品见p.24

材料：奥林巴斯 EMMY GRANDE（HERBS）淡蓝色（341）5克，EMMY GRANDE 本白色（804）4克
针：0号蕾丝针
尺寸：长约31.5cm

※钩织×时，将○针目的上半针和里山挑起钩织。

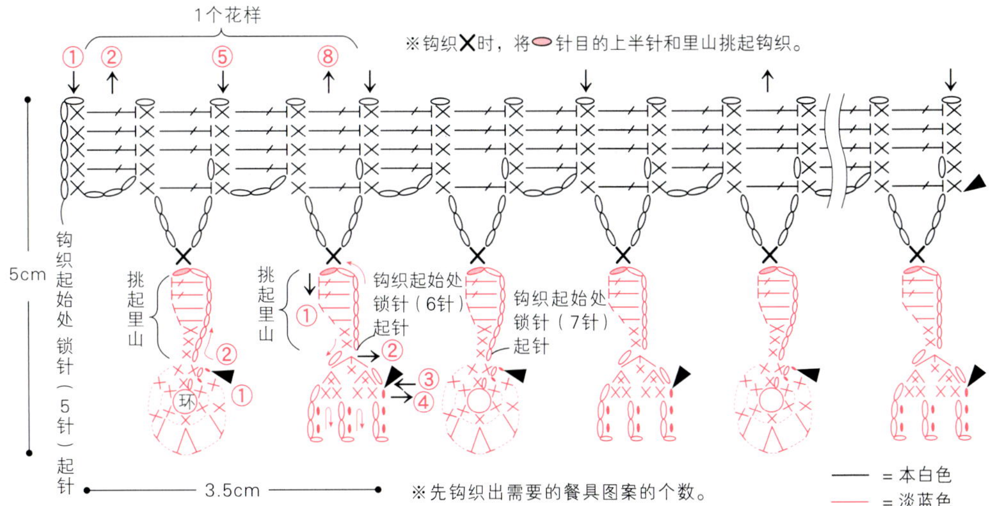

※先钩织出需要的餐具图案的个数。

Patisserie
糕点

25 水果蛋糕
26 纸蛋糕
27 姜人饼干
28 糖果
29 餐具

钩织方法：作品 25~28 见 p.26，作品 29 见 p.23

甜美的糕点图案。

Fruits
水果

30 苹果
31 橘子
32 樱桃
33 草莓

钩织方法：见 p.27

清新的水果图案。

30

31

32

33

25

作品见p.24

材料：和麻纳卡 纯毛中细 粉色（31）、黄绿色（22）、本白色（2）、驼色（4）、奶油色（6）各1克，FOUR PLY 红色（330）1克
针：钩针2/0号
尺寸：长约30cm

※拼接花片。

×（第7圈）=第5圈入针钩织
※ 先钩织花片A和B，然后把花片C拼接在A和B上。

花片的配色表

圈数	A	B
7	本白色	本白色
3~4	粉色	粉色
1、2、5、6	驼色	奶油色

26

作品见p.24

材料：奥林巴斯 EMMY GRANDE（HERBS）米色（721）5克，EMMY GRANDE 本白色（804）4克；圆形大串珠 红色 27颗
针：0号蕾丝针
尺寸：长约30cm

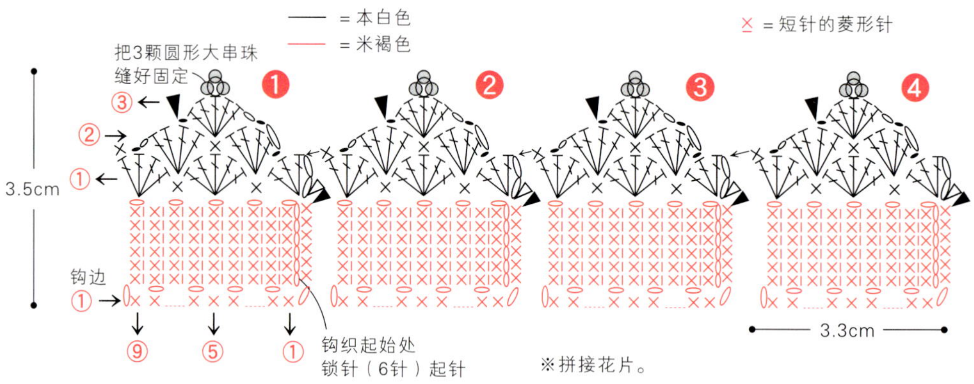

※拼接花片。

27

作品见p.24

材料：和麻纳卡 TITI CROCHET 驼色（4）4克，深茶色（18）2克
针：0号蕾丝针
尺寸：长约31cm

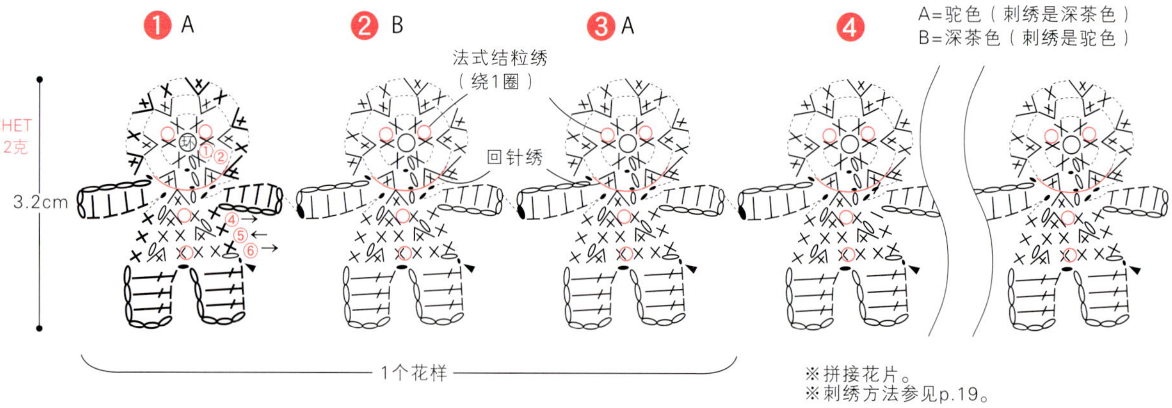

※拼接花片。
※刺绣方法参见p.19。

28

作品见p.24

材料：和麻纳卡 TITI CROCHET 奶油色（5）4克，橙色（6）、蓝色（12）、薄荷绿色（13）各1克
针：0号蕾丝针
尺寸：长约35cm

※配色重复A、B、C。
※拼接花片。

花片的配色表

圈数	A	B	C
4	奶油色	奶油色	奶油色
3	橙色	薄荷绿色	蓝色
1、2	奶油色	奶油色	奶油色

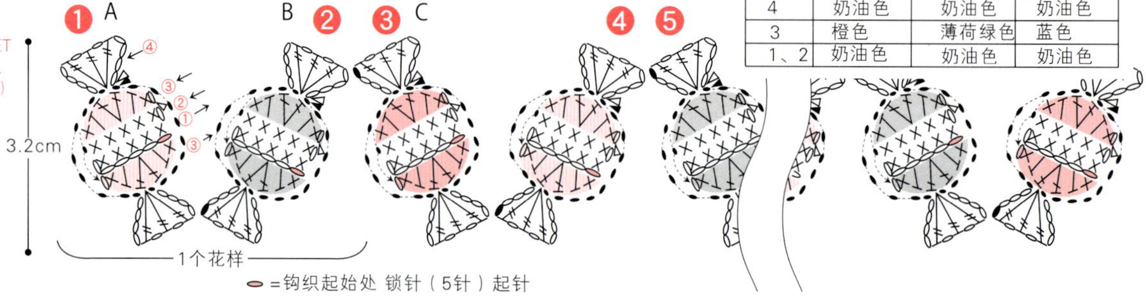

= 钩织起始处 锁针（5针）起针

30

作品见p.25
要点提示见p.6

材料：奥林巴斯 EMMY GRANDE 本白色（804）7克
针：0号蕾丝针
尺寸：长约30cm

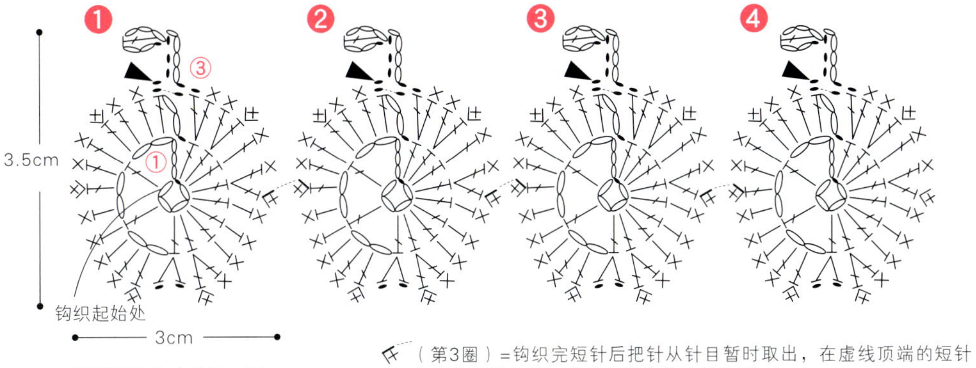

※拼接花片（参见p.6）。

（第3圈）=钩织完短针后把针从针目暂时取出，在虚线顶端的短针的头针处插入针，再将之前的针目引拔出

31

作品见p.25

材料：奥林巴斯 EMMY GRANDE（HERBS）淡橙色（752）6克、黄色（560）2克，EMMY GRAND 淡绿色（243）少许
针：0号蕾丝针
尺寸：长约30cm

= 淡绿色　—— = 黄色　—— = 淡橙色

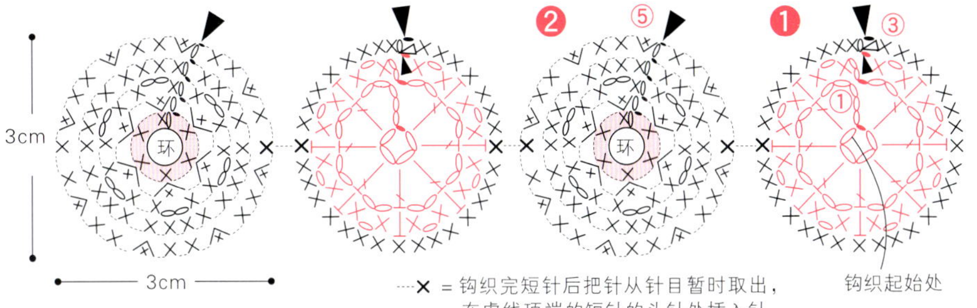

※拼接花片，重复1和2。

×= 钩织完短针后把针从针目暂时取出，在虚线顶端的短针的头针处插入针，再将之前的针目引拔出

32

作品见p.25

材料：奥林巴斯 EMMY GRANDE（HERBS）粉色（119）5克，黄绿色（273）2克
针：0号蕾丝针
尺寸：长约31cm

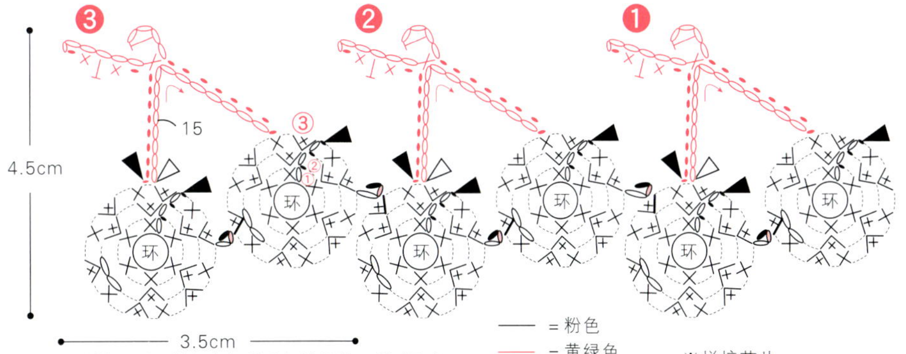

（第3圈）=钩织完短针后把针从针目暂时取出，在旁边花片的短针的头针处插入针，再将之前的针目引拔出

—— = 粉色
—— = 黄绿色

※拼接花片。

33

作品见p.25

材料：奥林巴斯 EMMY GRANDE 本白色（804）7克
针：0号蕾丝针
尺寸：长约30cm

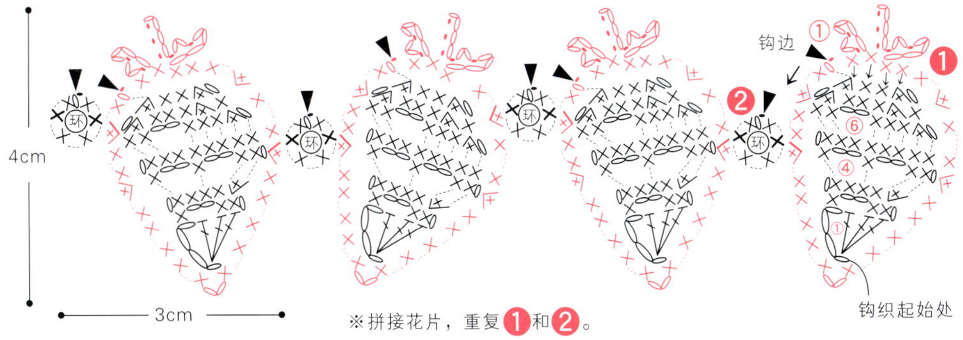

※拼接花片，重复1和2。

part3

Rose

玫瑰花

34

35

34、35　花藤和胸花

钩织方法：作品 34 见 p.30，作品 35 见 p.31

用很多玫瑰花图案做成的装饰品是女生永远的期待。

一朵当然也很漂亮，但如果是一束玫瑰花，就更能感受到玫瑰花的魅力。

36、37　头花

钩织方法：见 p.73

34

作品见p.28

材料：奥林巴斯 EMMY GRANDE（HERBS）粉色（141）12克，绿色（273）12克
针：0号蕾丝针
尺寸：参见图片

拼接方法

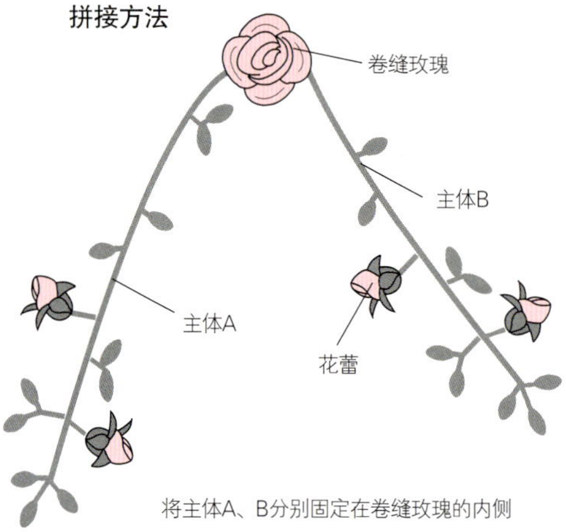

将主体A、B分别固定在卷缝玫瑰的内侧

卷缝玫瑰
10片拼接的卷缝玫瑰
粉色 1朵

花蕾
粉色 4片

花萼
绿色 4片

主体A、B
绿色 各1根

作品34、35、41 通用编织图

小玫瑰花的叶子

钩织的小叶子拼接到小玫瑰花的 × 记号的位置上

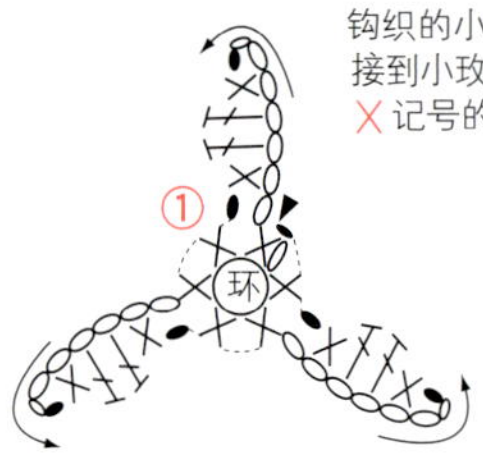

小玫瑰花

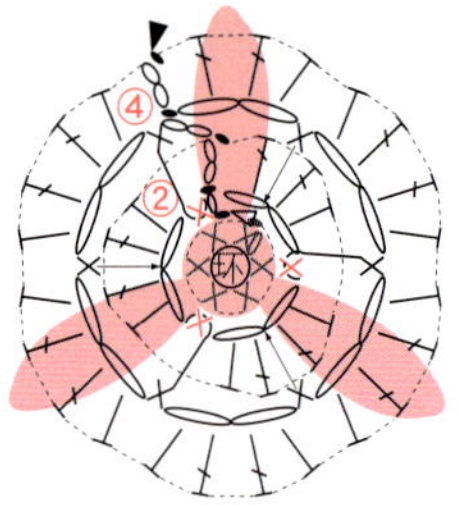

（第3圈）=短针的反拉针
（第3圈）=成束挑起前行的锁针钩织

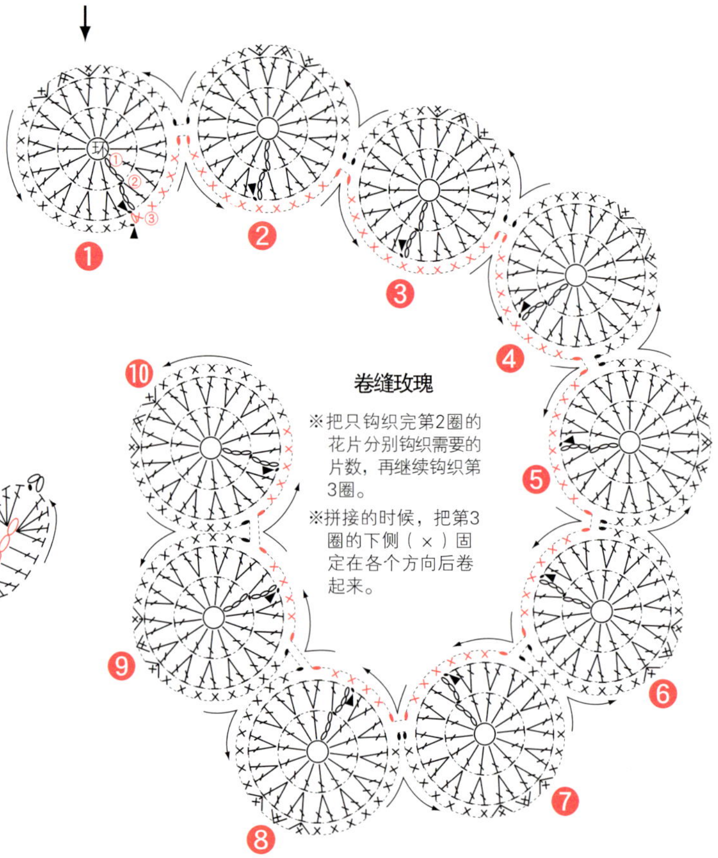

卷缝玫瑰

※把只钩织完第2圈的花片分别钩织需要的片数，再继续钩织第3圈。
※拼接的时候，把第3圈的下侧（×）固定在各个方向后卷起来。

花萼

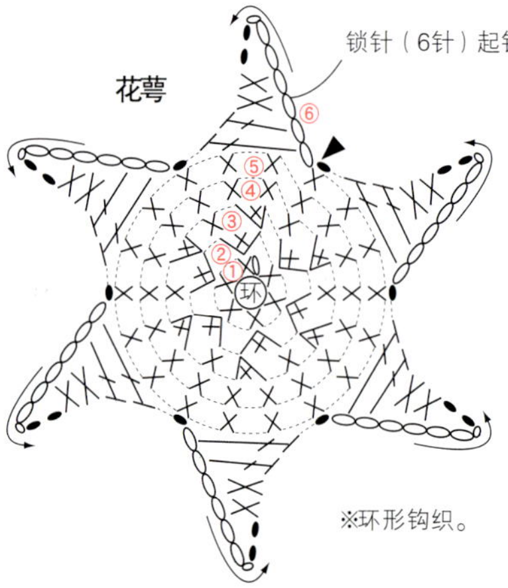

※环形钩织。

叶子

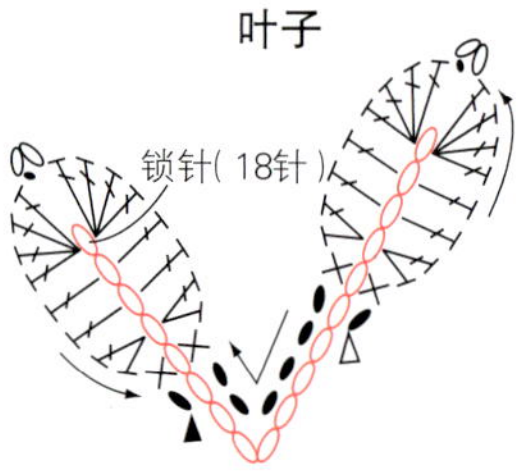

※ 先钩织好18针锁针。

花蕾

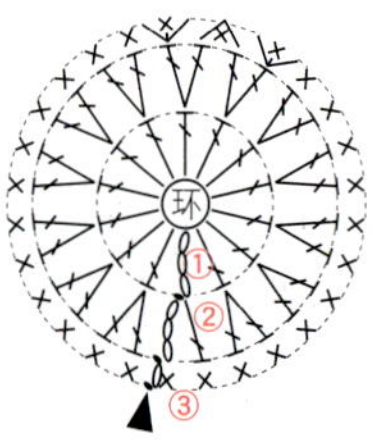

花蕾的拼接

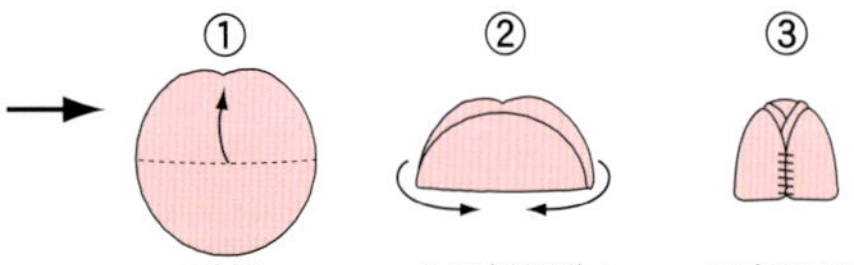

茎

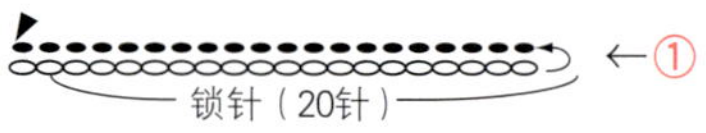

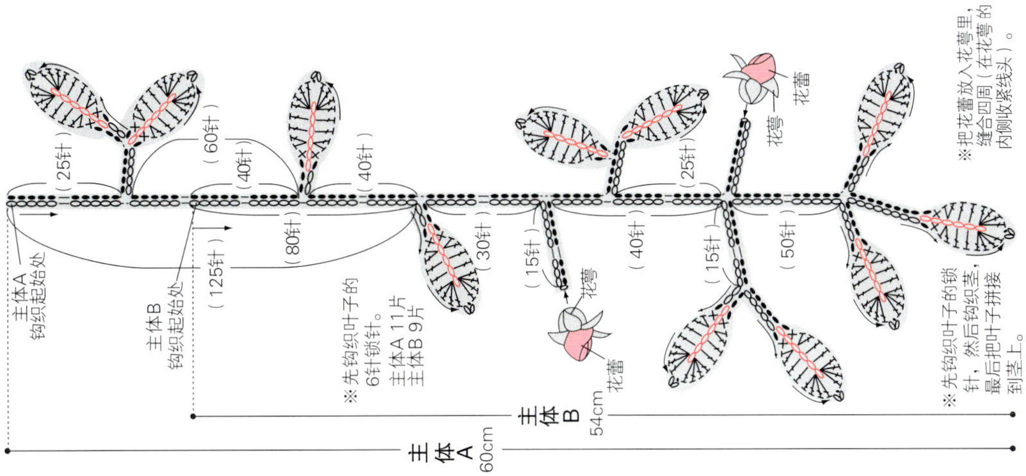

35

作品见p.28

材料：奥林巴斯 EMMY GRANDE 粉色（161）5克、淡蓝粉色（160）5克、深蓝粉色（165）6克，EMMY GRANDE（HERBS）绿色（273）3克；3cm长的胸针1个

针：0号蕾丝针

尺寸：参见图片

卷缝玫瑰

7片拼接的卷缝玫瑰
粉色、淡蓝粉色 各1朵

10片拼接的卷缝玫瑰
深蓝粉色 1朵

叶子

绿色 3片

基底

深蓝粉色 1片

※基底按照p.10编织符号图钩织8圈。

拼接方法

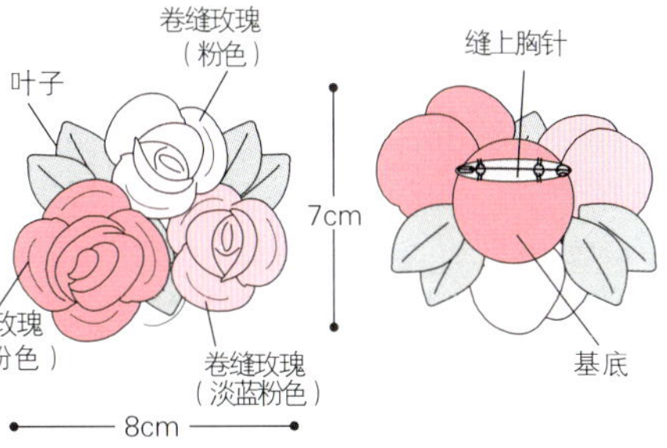

※把卷缝玫瑰和叶子摆好后固定在基底上。

41

作品见p.33

材料：奥林巴斯 EMMY GRANDE 红色（192）7克，橄榄绿色（288）4克；3cm长的胸针1个

针：0号蕾丝针

尺寸：参见图片

卷缝玫瑰

7片连接的卷缝玫瑰
红色 1片

花蕾

红色 2片

花萼

橄榄绿色 3片

茎

橄榄绿色 3根

拼接方法

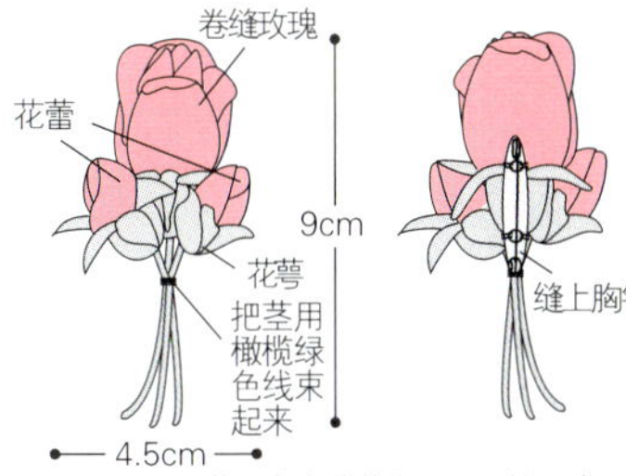

※把茎固定在花萼中心。卷缝玫瑰、花蕾分别放入花萼里，缝合四周（线头藏在花萼里，收紧线头）。

卷缝玫瑰、花蕾分别放入花萼里，缝合四周（线头藏在花萼里，收紧线头）。

38

作品见p.32

材料：奥林巴斯 EMMY GRANDE（COLORS）粉色系（127）9克；胸针（9-11-2 银色）1个，填充棉 少许

针：0号蕾丝针

尺寸：参见图片

花瓣（A）（3片拼接的花瓣，5片拼接的花瓣 各1片）

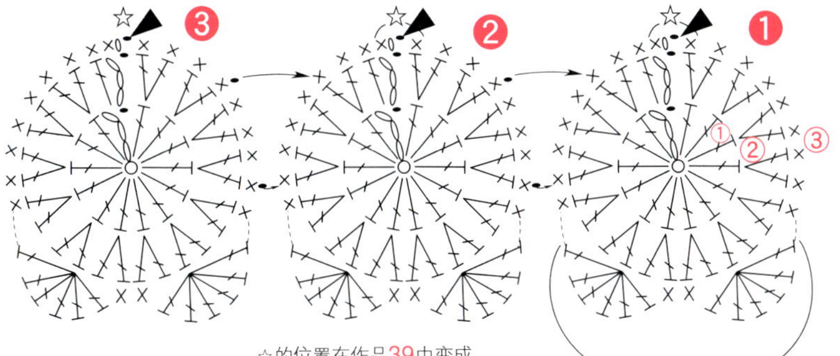

☆的位置在作品39中变成花芯的位置

这个部分折向外侧

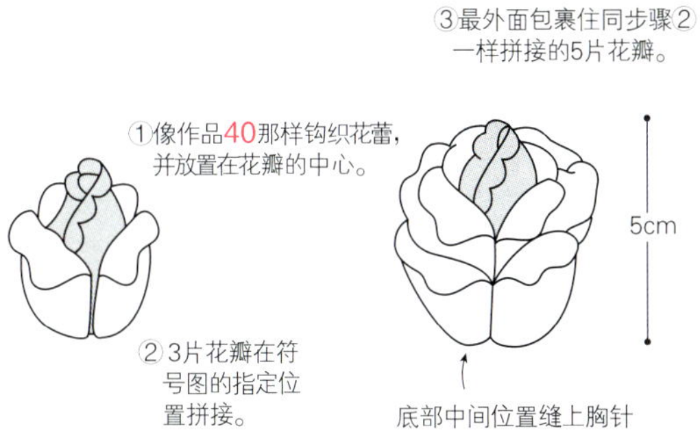

固定好花蕾、3片花瓣、5片花瓣。

38 ~ 40　粉色系玫瑰花

钩织方法：作品 38 见 p.31，作品39、40 见 p.34

粉色玫瑰花配饰具有春天的气息。

Rose

玫瑰花

41 ~ 43　红色和橙色玫瑰花

钩织方法：作品 41 见 p.31，作品42、43 见 p.35

具有秋天气息的深红色和橙色玫瑰花配饰。

39

作品见p.32

材料：奥林巴斯 EMMY GRANDE（碎白点花纹）混合粉色（11）4克，EMMY GRANDE 黄色（521）少许，EMMY GRANDE（HERBS）橙色（555）少许；胸针（9-11-2 银色）1个
针：0号蕾丝针
尺寸：参见图片

花芯（A）混合粉色　5片拼接

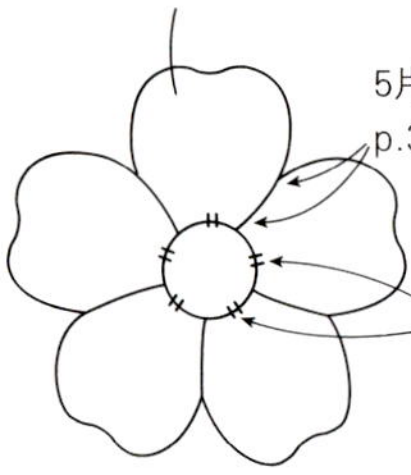

※把胸针缝在反面中心位置。

花芯　第1~2圈　黄色　第3圈　橙色

第3圈的引拔针在第2圈的短针的正面半针处钩织。

40

作品见p.32

材料：奥林巴斯 EMMY GRANDE 粉色（104）3克、粉色（102）2克，EMMY GRANDE（HERBS）绿色（273）2克；胸针（9-11-2 银色）1个，制花专用金属丝（#28）20cm，填充棉 少许
针：0号蕾丝针
尺寸：参见图片

花萼（A）绿色（273）2片

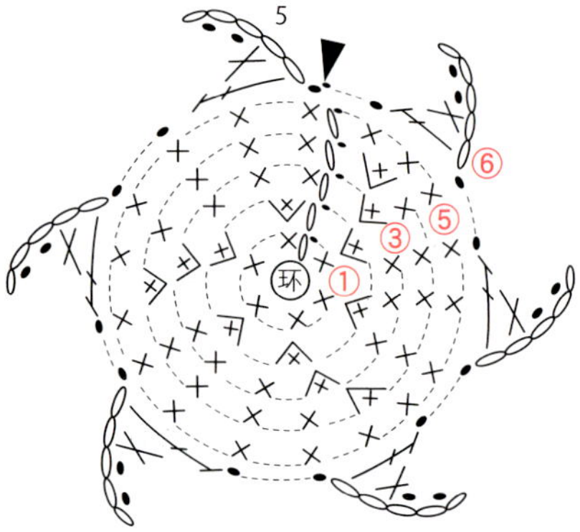

圈数	针数	加针数
5	18	
4		3
3	15	3
2	12	6
1	6	

花芯（A）粉色（104）2片

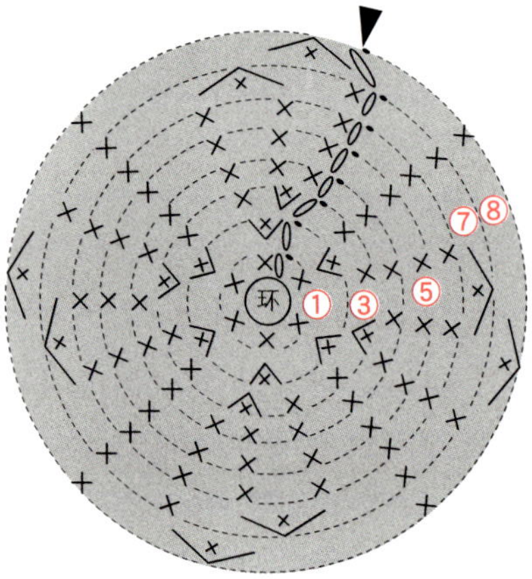

圈数	针数	加减针
8	8	-4
7	12	-4
6	16	
5		
4		
3		+4
2	12	+6
1	6	

中间塞入填充棉，把线穿过第8圈的针目后拉紧

①花蕾像卷花芯（A）那样卷起花瓣（B）。

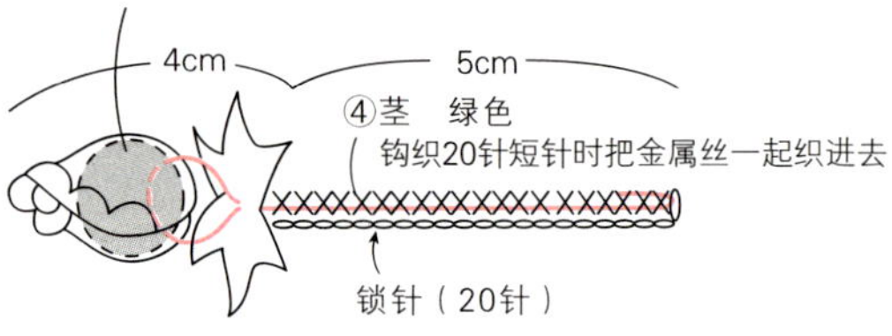

②把金属丝穿过花萼和花蕾。
③把花萼固定在花蕾上。

花瓣（B）①和②＝粉色（104）　③和④＝粉色（102）

2片

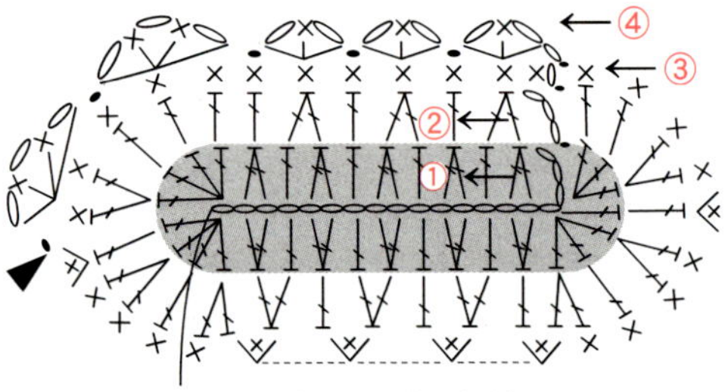

钩织起始处　锁针（16针）起针

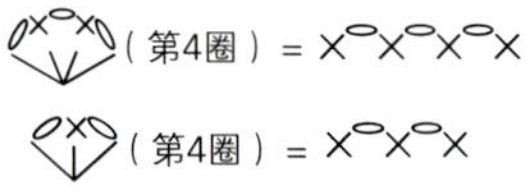

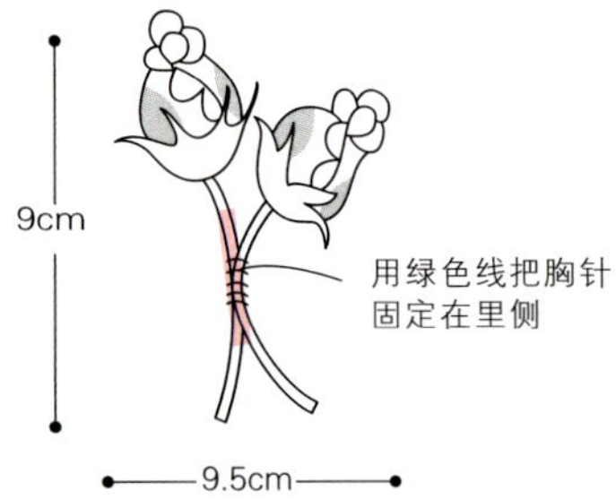

42

材料：奥林巴斯 EMMY GRANDE（HERBS）橙色（752）5克、橙色（171）3克， EMMY GRANDE 绿色（288）1克、绿色（238）少许
针：0号蕾丝针
尺寸：参见图片

作品见p.33

花瓣C
橙色
（752）2片
（171）1片

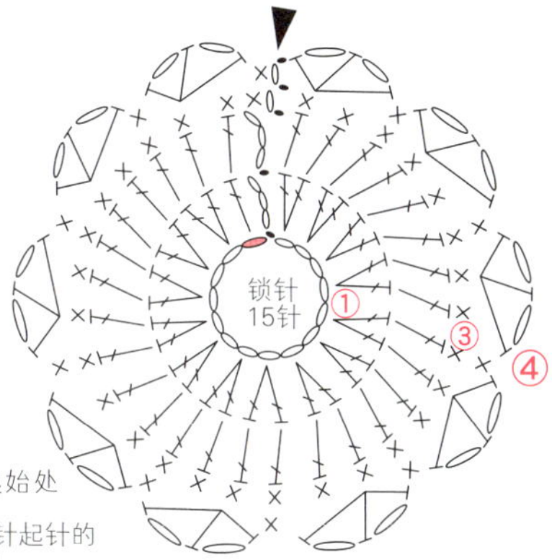

▬ =钩织起始处

※第1圈挑起锁针起针的半针进行钩织。

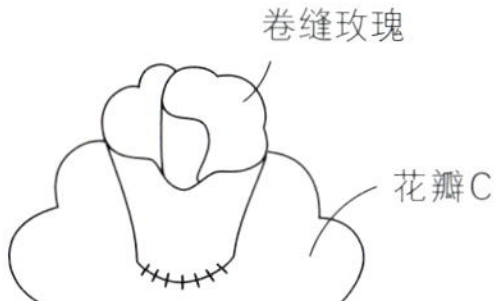

把卷缝玫瑰固定在花瓣C的中心位置

从卷缝玫瑰和花瓣C的外侧下针缝合。

叶子 绿色（288）2片，（238）1片

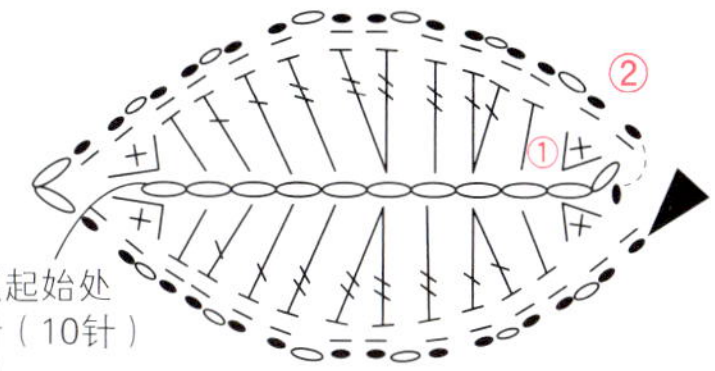

钩织起始处
锁针（10针）
起针

卷缝玫瑰 橙色（752）2片，（171）1片

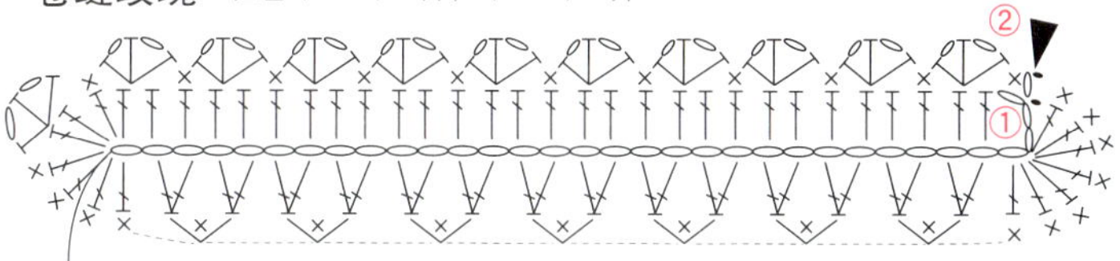

钩织起始处 锁针（30针）起针

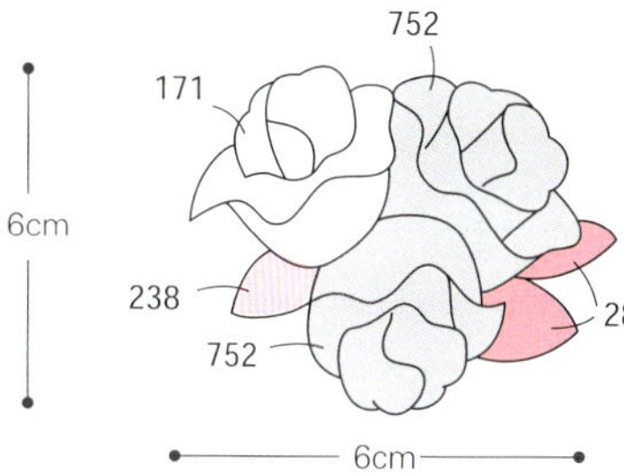

①把3朵花组合到一起，在反面固定。
②底部固定叶子。
③基底固定在叶子的下方。基底（4行）的编织符号图参见p.10。
④把胸针缝到基底上。

43

材料：奥林巴斯 EMMY GRANDE（HERBS）茶色（777）5克，粉色（752）、橙色（171）各2克，EMMY GRANDE（COLORS）橙色（755）2克。胸针（9-11-2 银色）1个，制花专用金属丝（#28）80cm，0.3cm宽的米色缎带20cm
针：0号蕾丝针
尺寸：参见图片

作品见p.33

茎、叶子 茶色

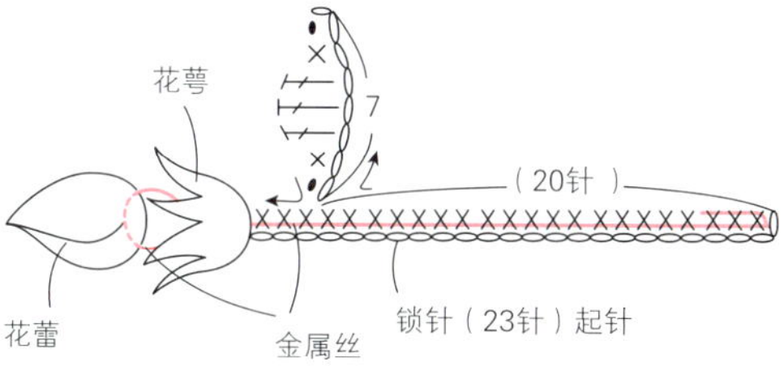

①把金属丝穿过花蕾和花萼。
②把花蕾和花萼牢牢固定在一起。
③茎里包裹住金属丝，然后钩织短针，途中在叶子处打结。

花蕾 橙色（171）、（755）和粉色（752）各2片

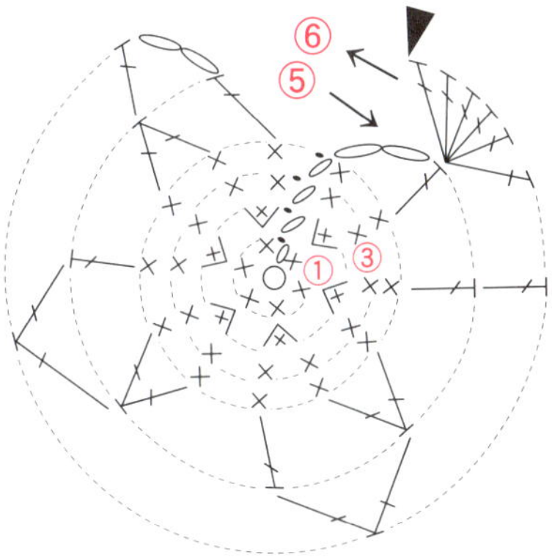

花萼（B）
茶色 6片

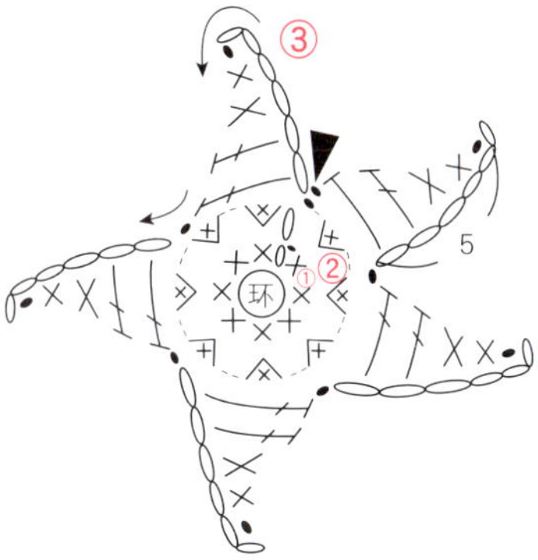

花蕾的拼接方法

把线头放进去卷起来

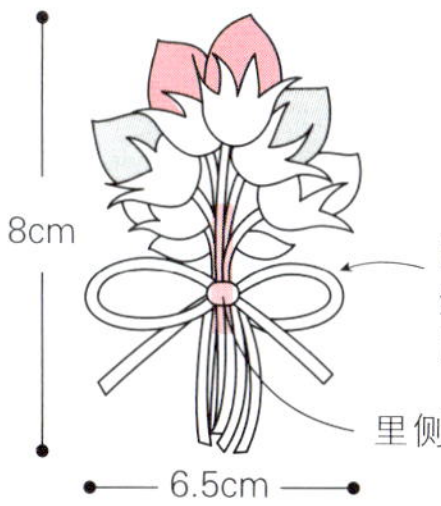

用米色缎带牢牢地缠绕6根茎，然后打结固定

里侧缝上胸针

Rose

玫瑰花

44a

44a,44b,44c　具有层次感的玫瑰花

钩织方法：见 p.39

具有层次感的多层重叠花瓣的 3 色玫瑰花非常漂亮。

这里使用了具有丰富颜色的刺绣线进行钩织。

44c
44b

20

作品见p.20

材料：奥林巴斯 EMMY GRANDE（HERBS）粉色（119）2克，黄绿色（273）1克，淡橙色（752）少许；圆形大串珠 粉色12颗，填充棉 少许
针：0号蕾丝针
尺寸：参见图片

果实 —— = 淡橙色 —— = 粉色

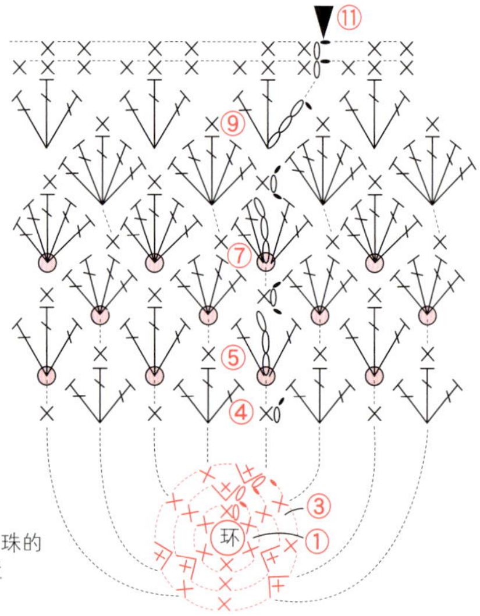

● = 缝串珠的位置

蒂 黄绿色 ※用线头做圆环时，留出长于30cm的线头用于茎的钩织。

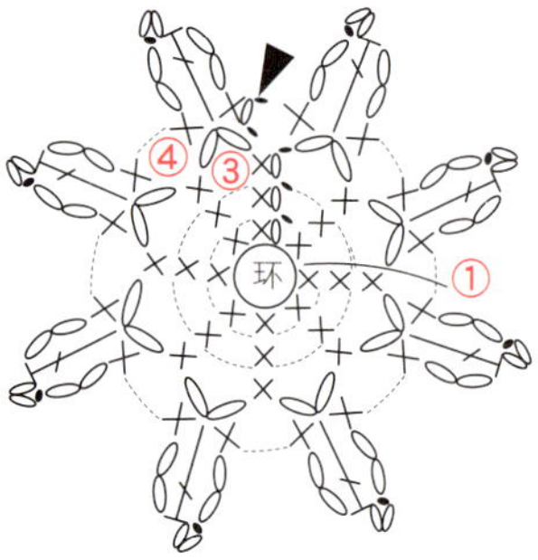

茎
※用蒂剩余的线头钩织。

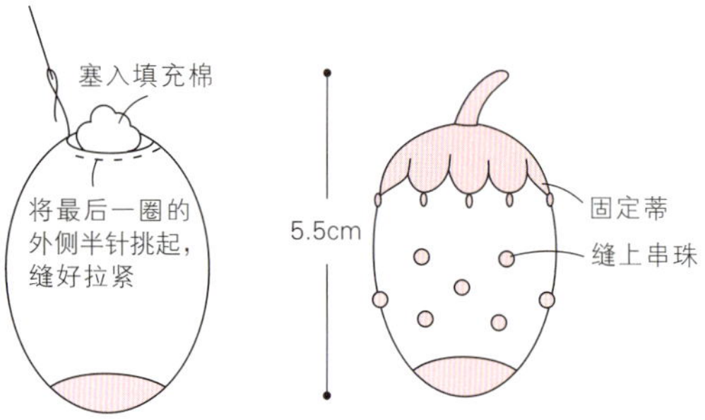

23

作品见p.21

材料：奥林巴斯 EMMY GRANDE 红色（192）1.5克，EMMY GRANDE（HERBS）黄绿色（273）少许；填充棉 少许，黏合剂 少许
针：0号蕾丝针
尺寸：参见图片

茎 黄绿色

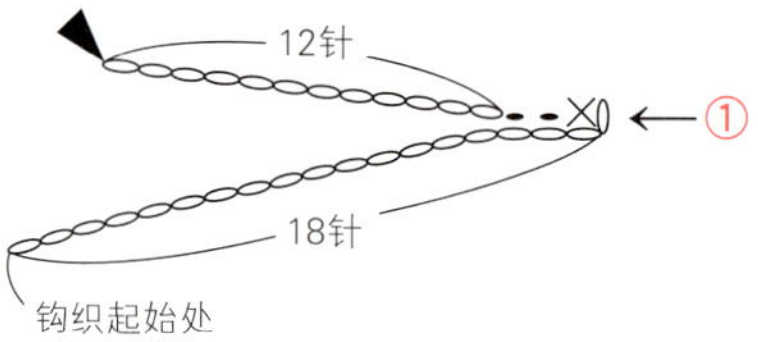

※涂上稀释了3~4倍的黏合剂，将茎粘贴固定。

拼接方法

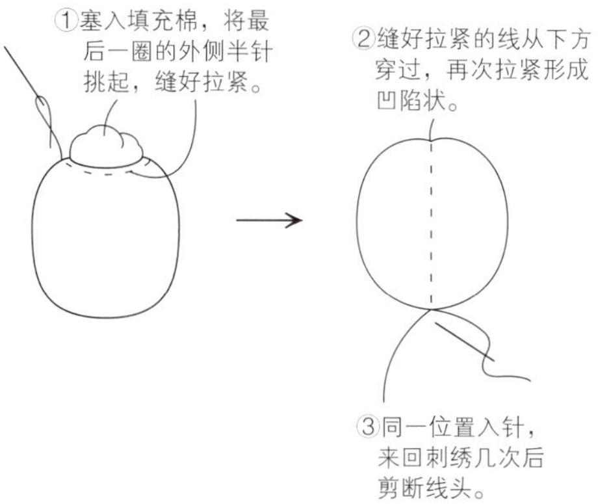

樱桃 红色

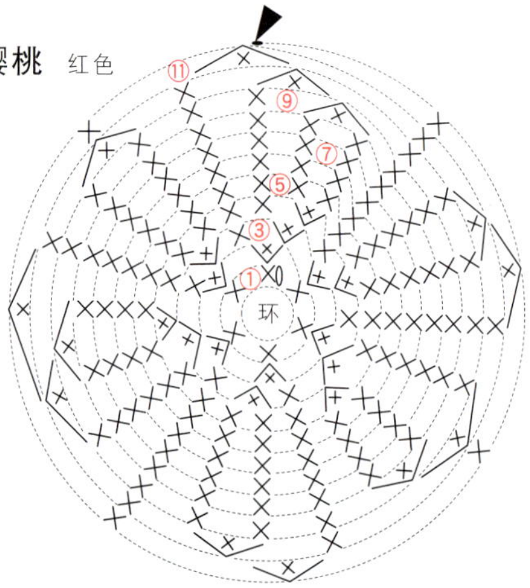

樱桃的针数表

圈数	针数	加减针
11	8	－4
10	12	－6
9	18	－3
5～8	21	
4	21	＋3
3	18	＋6
2	12	＋6
1	6	

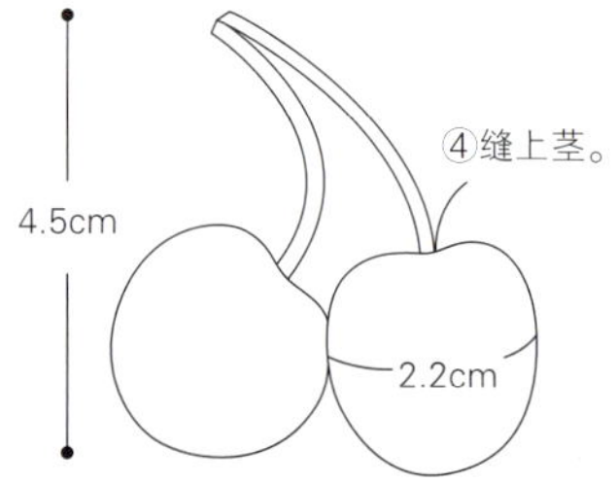

24

作品见p.21

材料：和麻纳卡TITI CROCHET 橙色（5）4克，白色（1）1克
针：0号蕾丝针，2/0钩针
尺寸：9cm×10cm

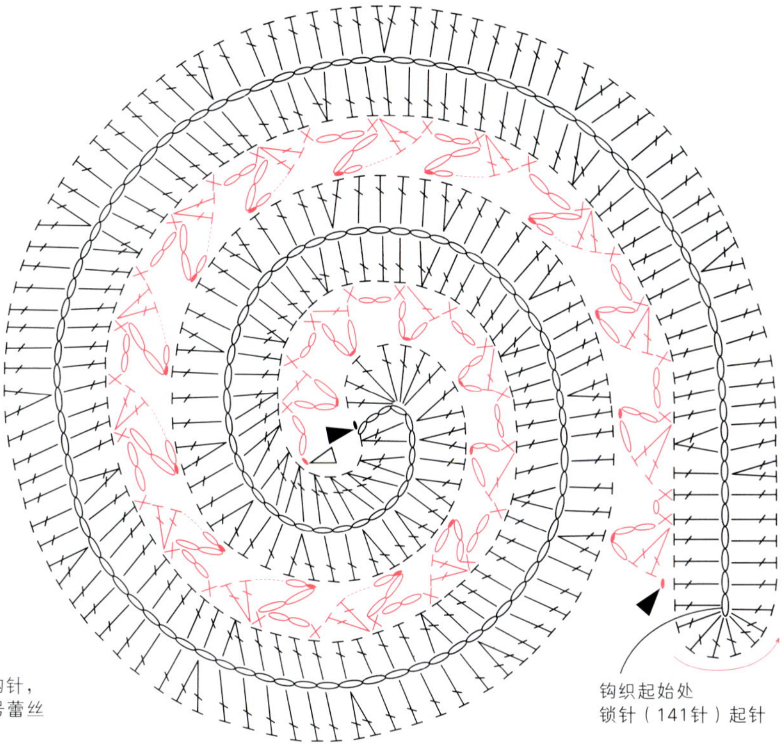

※起针用2/0号钩针，起针后改用0号蕾丝针进行钩织。

44

作品见p.36、p.37

●44a
材料：DMC 25号刺绣线（线量包含花边）胭脂红色（498）8.2m，红色（321）11.2m，朱红色（817）12m，绿色（319）7.6m
针：0号蕾丝针
尺寸：参见图片

●44b
材料：DMC 25号刺绣线（线量包含花边）紫红色（3803）8.2m，深粉色（3687）11.2m，淡粉色（3688）12m，绿色（469）7.6m
针：0号蕾丝针
尺寸：参见图片

●44c
材料：DMC 25号刺绣线（线量包含花边）蓝色（3760）8.2m，淡蓝色（807）11.2m，淡蓝色（3766）12m，绿色（904）7.6m
针：0号蕾丝针
尺寸：参见图片

※图中（ ）里的线量是1片织片的用量。

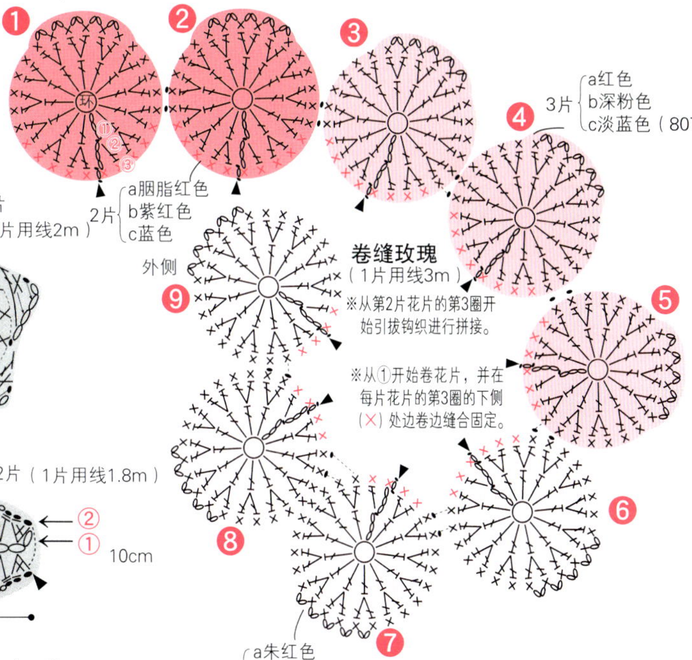

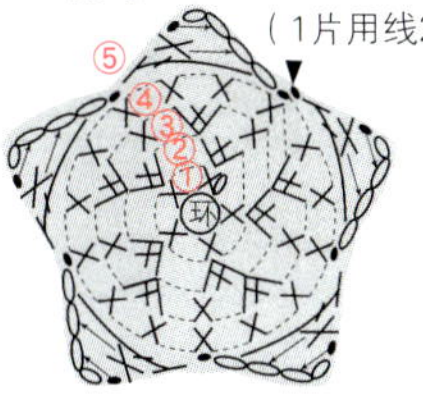

※ ● 记号是把前一行的反面半针挑起。

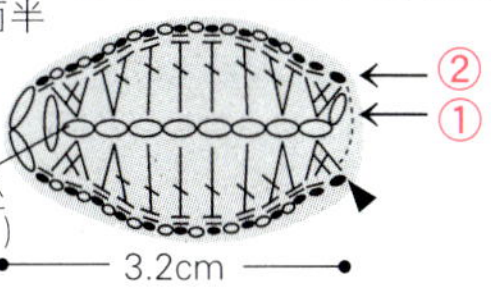

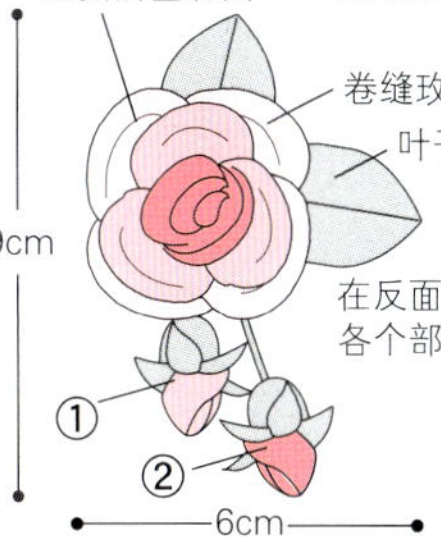

拼接方法

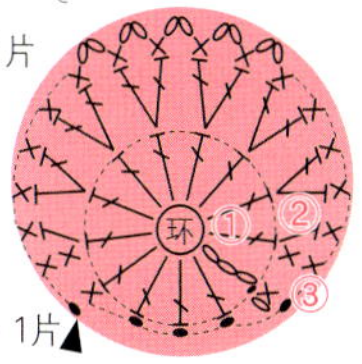

花蕾的拼接方法

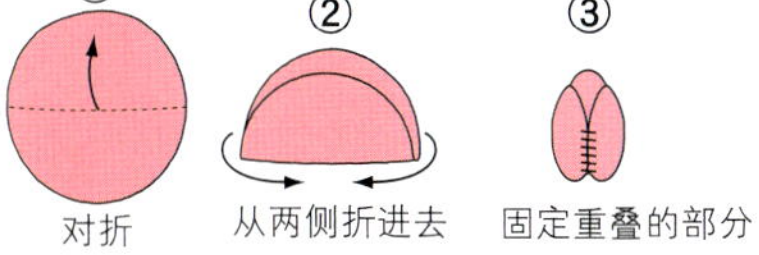

part4

Doily

蕾丝小饰巾

从花草中得到灵感创作的小饰巾。

可以把它们装饰在童装、围裙上，也可以用缎带穿起来作为装饰品……

让我们一起感受它们带来的无穷的乐趣吧。

47

作品见p.44
要点提示见p.6

材料：奥林巴斯 EMMY GRANDE 本白色（804）6克，
EMMY GRANDE（HERBS）淡黄色（560）3克
针：0号蕾丝针
尺寸：直径15cm

※小花图案的花芯用本白色线钩织18片。

※小花图案的花瓣按照❶～⓲的顺序把花瓣的下半部分拼接在一起，按照⓲～❶的顺序把花瓣的上半部分拼接在一起（参见p.6）。

小花图案
18片

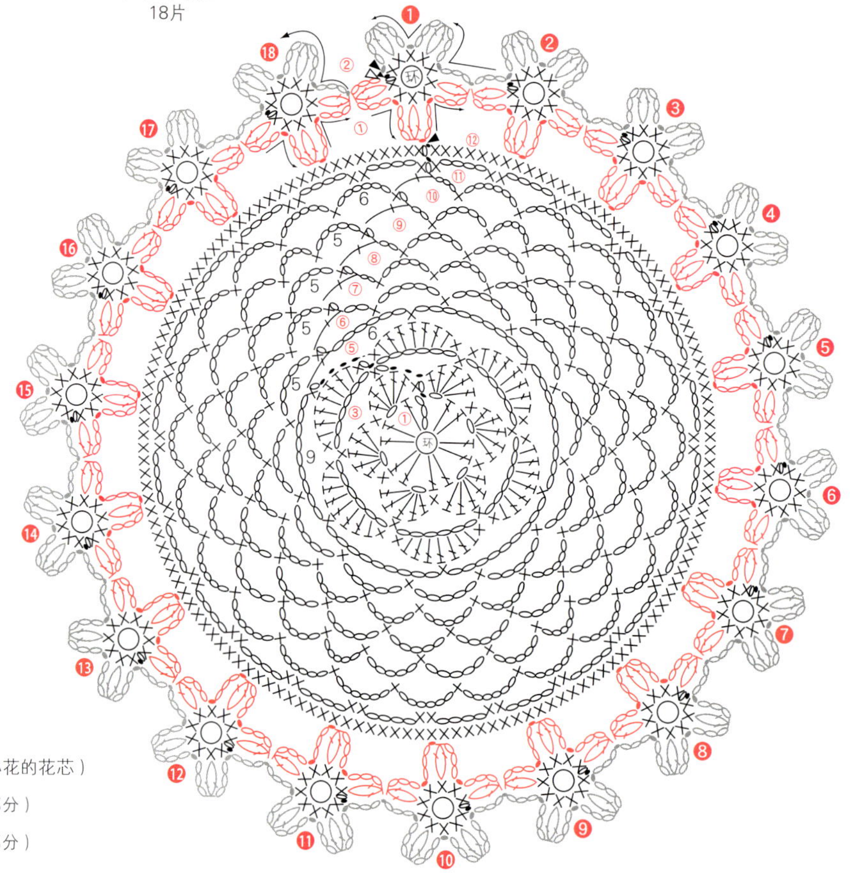

—— = 本白色（圆形部分和小花的花芯）

—— = 淡黄色（花瓣的下半部分）

—— = 淡黄色（花瓣的上半部分）

49

作品见p.45

材料：奥林巴斯 EMMY GRANDE 本白色（804）9克
针：0号蕾丝针
尺寸：直径15cm

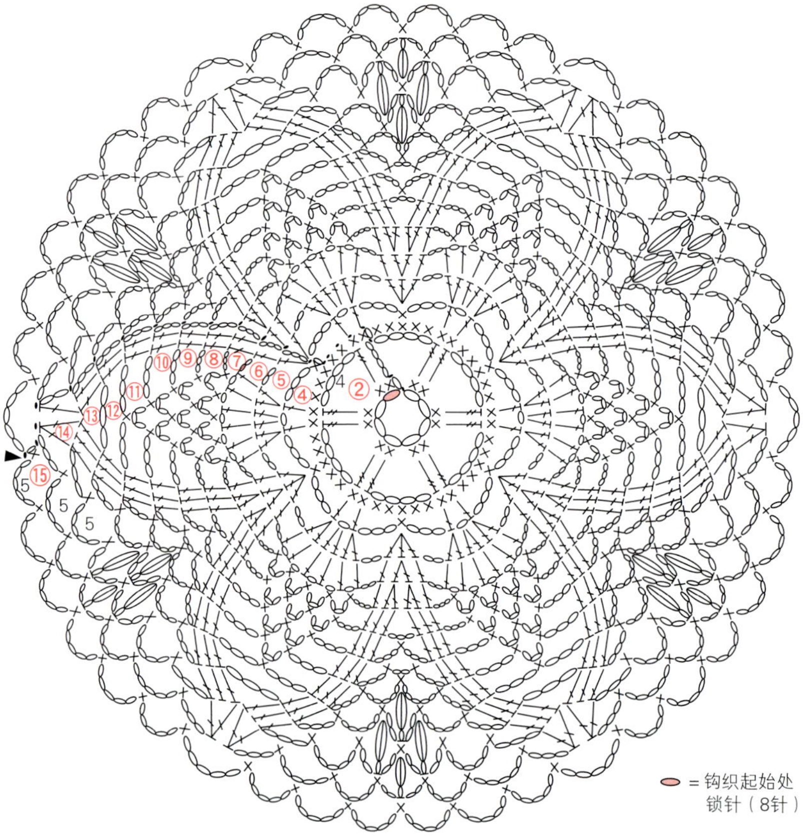

= 钩织起始处
锁针（8针）起针

45

作品见p.44

材料：奥林巴斯 EMMY GRANDE 本白色（804）8克
针：0号蕾丝针
尺寸：直径15cm

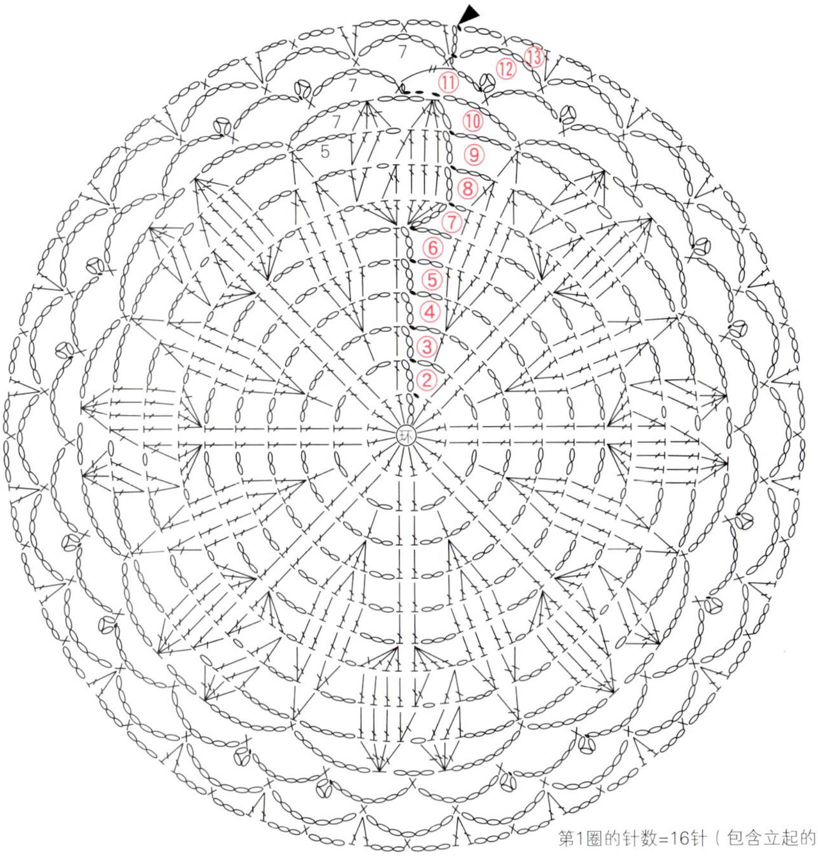

第1圈的针数=16针（包含立起的锁针）

50

作品见p.45

材料：奥林巴斯 EMMY GRANDE 本白色（804）10克
针：0号蕾丝针
尺寸：直径15cm

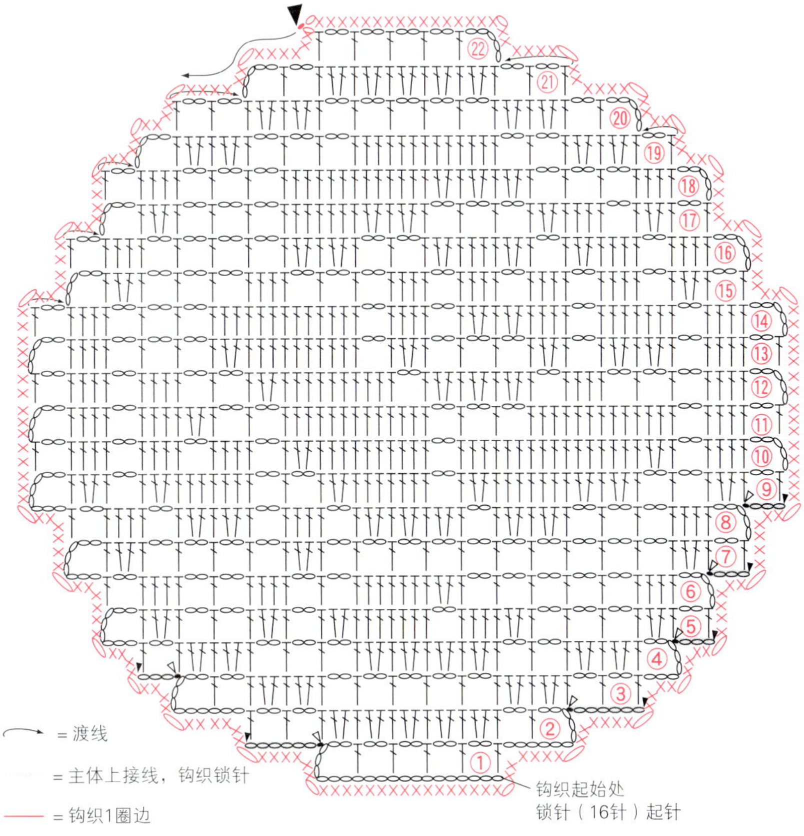

= 渡线

= 主体上接线，钩织锁针

= 钩织1圈边

渡线的方法 ※用第15行来说明。

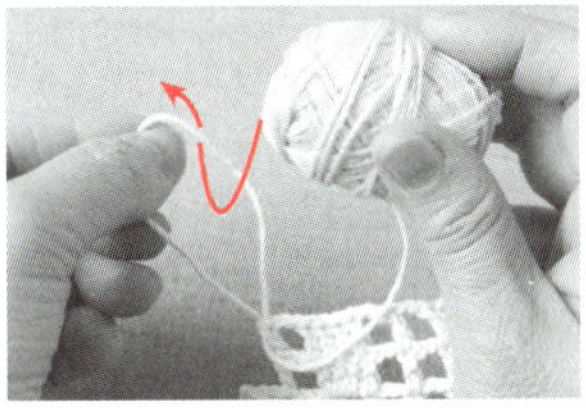

1 撑开最后一针目，把线团穿过那个线圈，拉紧线。

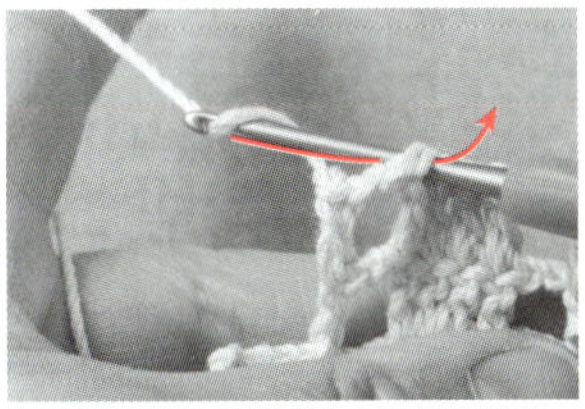

2 在下个针目中插入钩针，在针上挂线后引拔出。

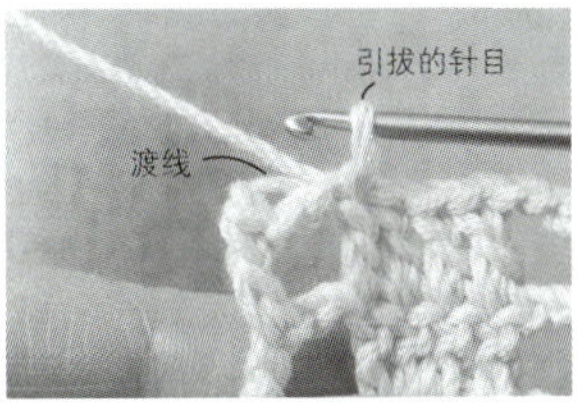

3 然后钩织3针立起的锁针。

4 钩织完3针立起的锁针后翻回织片反面，按照符号图进行钩织。

蕾丝小饰巾

45 郁金香

46 幸运草

47 小花

钩织方法：作品 45 见 p.43，作品 46 见 p.46，作品47 见 p.42

单用本白色就非常漂亮了，再随意搭配些颜色就更加可爱时尚了。

蕾丝小饰巾

48 花圃
49 大花朵
50 玫瑰花
51 向日葵

钩织方法：作品 48 见 p.46，作品 49 见 p.42，作品 50 见 p.43，作品 51 见 p.46

小饰巾除了可以用来做装饰，再试着感受其他用途的快乐吧。

46

材料：奥林巴斯 EMMY GRANDE 本白色（804）4克
针：0号蕾丝针
尺寸：直径10cm

作品见p.44

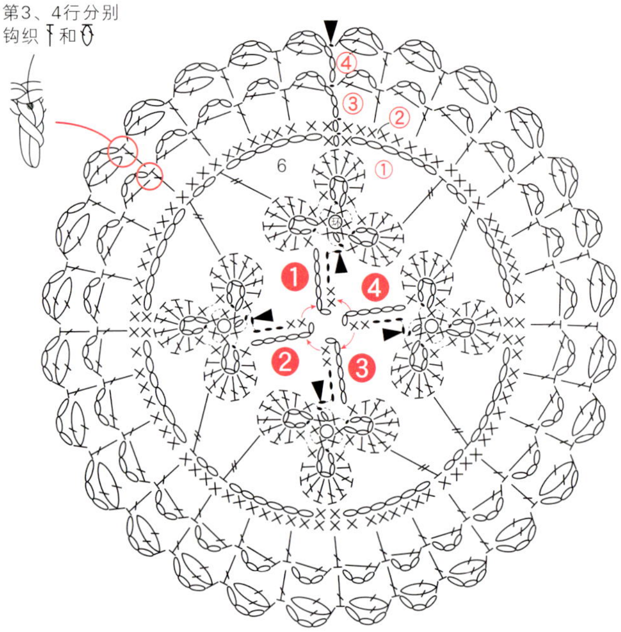

※按照❶～❹的顺序钩织4片花片。
※符号图中的箭头（→）表示暂时把针取出，在旁边花片的指定位置入针，然后再插入刚脱离的针目里，引拔钩织。继续按照符号图钩织。

48

材料：奥林巴斯 EMMY GRANDE 淡绿色（251）3克，本白色（804）1克
针：0号蕾丝针
尺寸：直径10cm

作品见p.45

第1圈的针数=16针（立起的锁针除外）
= 钩织起始处 锁针（10针）起针

51

材料：奥林巴斯 EMMY GRANDE 本白色（804）6克
针：0号蕾丝针
尺寸：直径10cm

作品见p.45

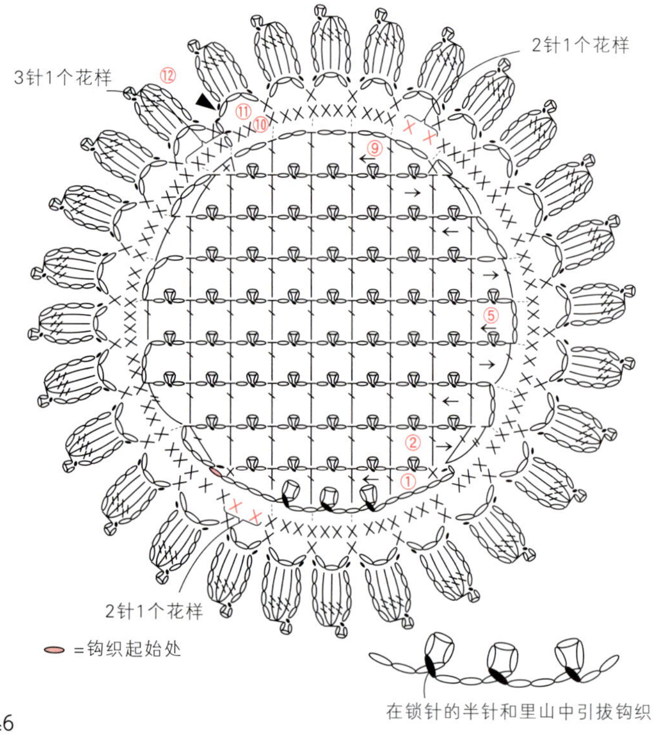

52

材料：奥林巴斯 EMMY GRANDE 本白色（804）6克
针：0号蕾丝针
尺寸：直径10cm

作品见p.48

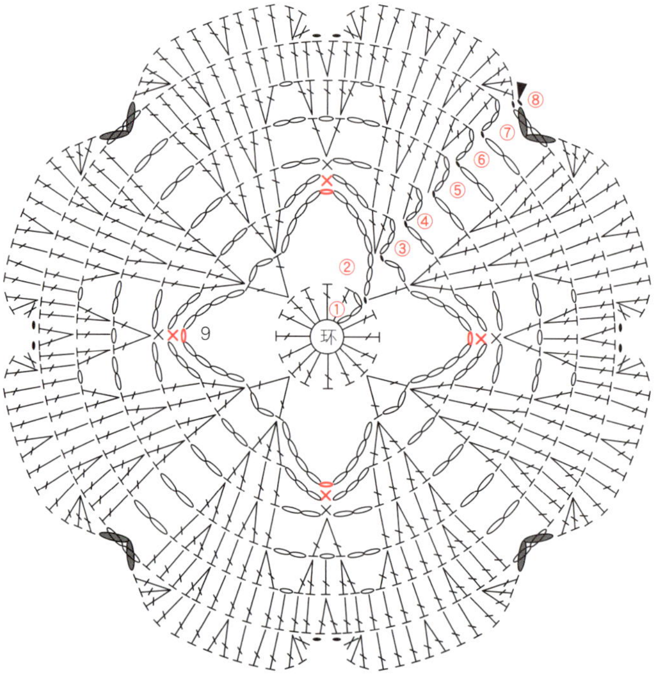

第1圈的针数=16针（包含立起的锁针）

※ ×（第3圈）= 挑起 的上半针和里山。

53

材料：奥林巴斯 EMMY GRANDE 本白色（804）5克
针：0号蕾丝针
尺寸：直径10cm

作品见p.48

第1圈的针数=16针（包含立起的锁针）

花片的拼接方法

※钩织完中间环形部分后把花片按照❶～❽的顺序进行拼接。
※花片的第3圈 钩织完后，取出钩针，从环形部分的×位置入针，再插入刚脱离的针目里引拔钩织。
※旁边的花片也用同样方法与环形部分拼接。

54

材料：和麻纳卡 PAUME（纯棉）蕾丝线 本白色（101）3克
针：0号蕾丝针
尺寸：直径10cm

作品见p.48

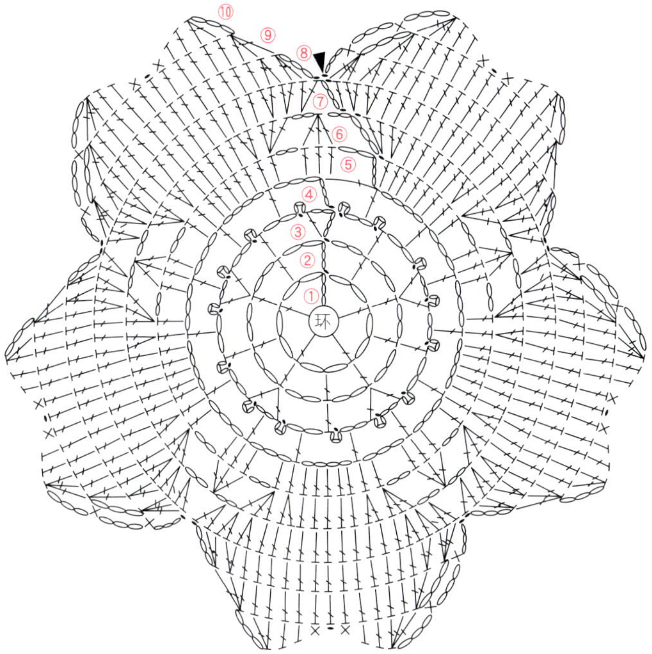

※第1~7圈钩织四周和圆环，第8~10圈用平针逐一钩织花瓣。

55

材料：奥林巴斯 EMMY GRANDE 本白色（804）3克
针：0号蕾丝针
尺寸：直径10cm

作品见p.48

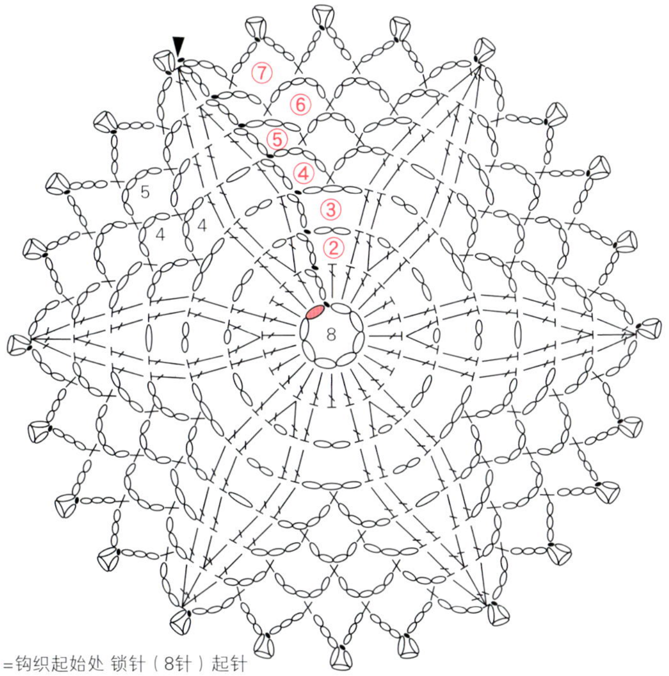

=钩织起始处 锁针（8针）起针

第1圈的针数=24针（包含立起的锁针）

56

材料：奥林巴斯 EMMY GRANDE 本白色（804）7克
针：0号蕾丝针
尺寸：直径10cm

作品见p.48

①花片按照❶～⓬的顺序进行拼接。
②钩织中心部分（ ）的最后一圈时与花片进行拼接。

锁针（10针）起针

×=短针的菱形针

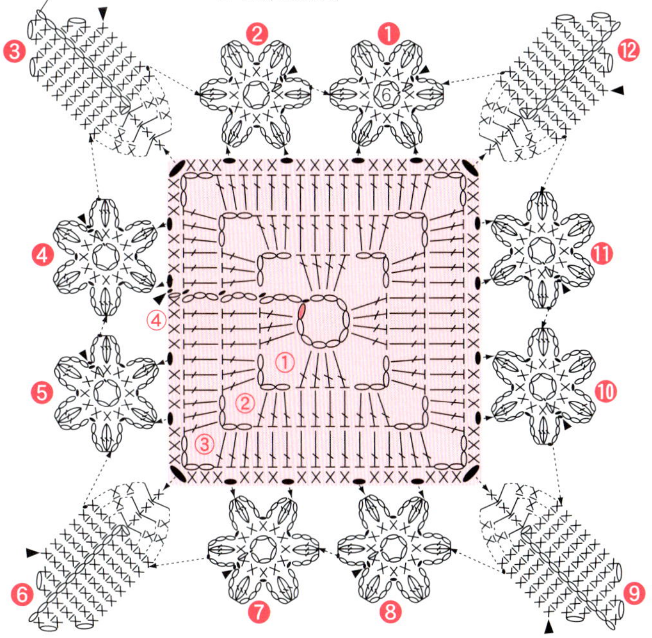

=钩织起始处 锁针（10针）起针

Doily

蕾丝小饰巾

52

55

53

56

54

57

52 幸运草　　55 庭菖蒲

53 小花　　56 叶子和小花

54 樱花　　57 玫瑰花

钩织方法：作品 52 见 p.46，作品 53~56 见 p.47，作品 57 见 p.50

把喜欢的小饰巾连接起来用作午餐垫或者防尘罩。

Doily

蕾丝小饰巾

58	叶子	61	三色堇	64	牵牛花
59	幸运草	62	野玫瑰花	65	玛格丽特花
60	雏菊	63	叶子	66	牡丹

钩织方法：作品 58~60 见 p.50，作品 61~64 见 p.51，作品 65、66 见 p.74

可以随意地连接各种各样的小饰巾用作抱枕套。

57

材料：奥林巴斯 EMMY GRANDE 本白色（804）5克
针：0号蕾丝针
尺寸：直径10cm

作品见p.48

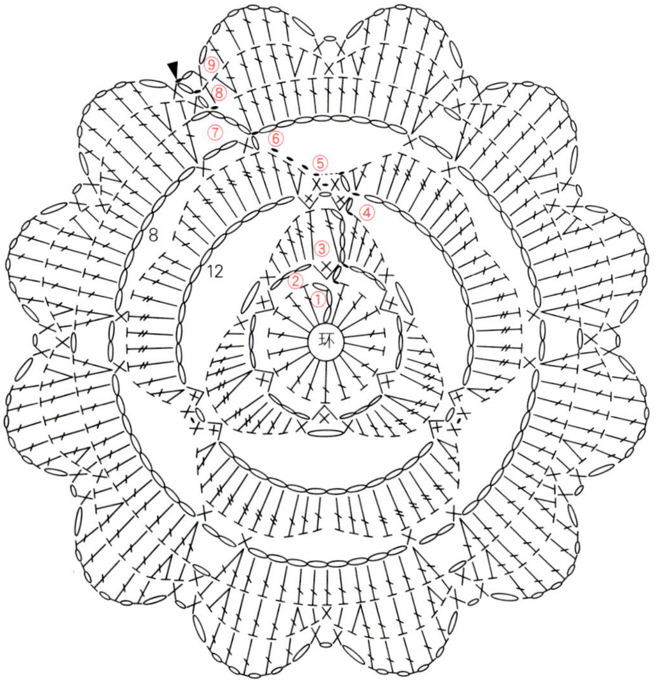

第1圈的针数=18针（包含立起的锁针）

58

材料：奥林巴斯 EMMY GRANDE 本白色（804）6克
针：0号蕾丝针
尺寸：直径10cm

作品见p.49

①钩织中心部分的（　）。
②叶子状花片按照❶～❿的顺序进行拼接。

（第2圈）= 把叶子最后一圈的针目引拔钩织进这个针目里

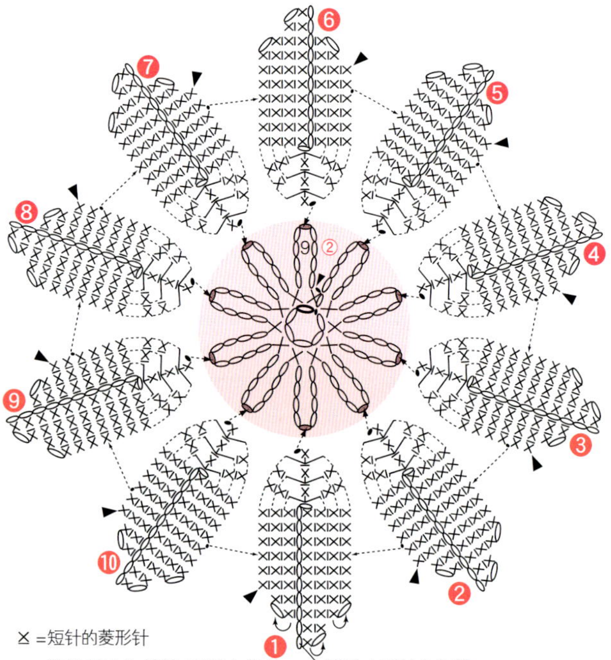

X = 短针的菱形针
○ = 钩织起始处 锁针（6针）起针
锁针（10针）起针

59

材料：奥林巴斯 EMMY GRANDE 本白色（804）4克
针：0号蕾丝针
尺寸：直径10cm

作品见p.49

※钩织好中心的花片，然后在钩针上挂线按照符号图继续钩织（7圈）。

60

材料：奥林巴斯 EMMY GRANDE 本白色（804）5克
针：2号蕾丝针
尺寸：直径10cm

作品见p.49

61

材料：奥林巴斯 EMMY GRANDE 本白色（804）5克
针：0号蕾丝针
尺寸：直径10cm

作品见p.49

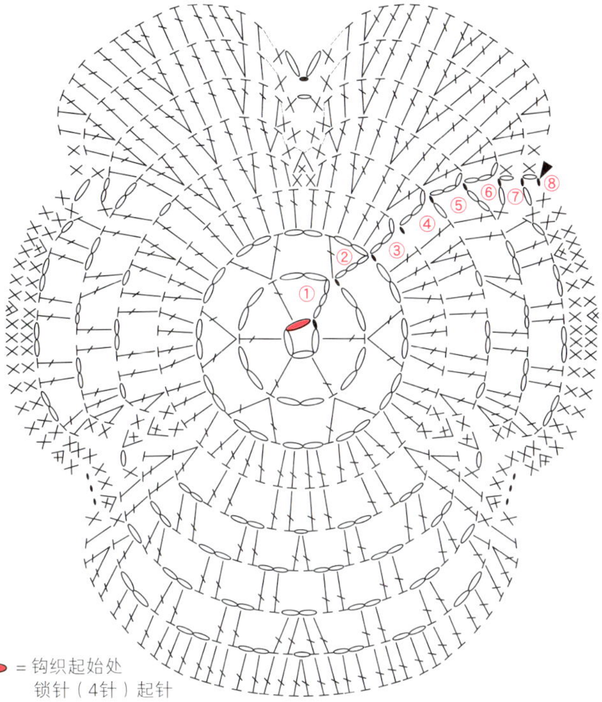

⬭ = 钩织起始处
锁针（4针）起针

62

材料：奥林巴斯 EMMY GRANDE 本白色（804）8克
针：0号蕾丝针
尺寸：直径10cm

作品见p.49

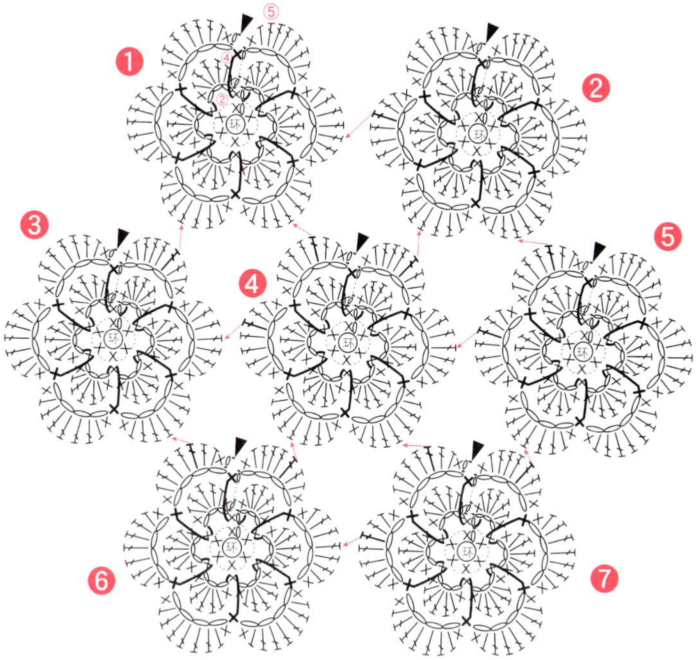

（第4圈）=短针的反拉针

※第5圈的长针钩织好后把针暂时取出，在旁边花片的长针针目里入针，再把钩针插入之前的针目中引拔钩织。

63

材料：奥林巴斯 EMMY GRANDE 本白色（804）4克
针：0号蕾丝针
尺寸：直径10cm

作品见p.49

（钩边第1圈）=叶子的 X 上钩织（1针短针、锁针3针的狗牙拉针、1针短针）

①叶子按照 ❶～❻的顺序进行拼接。
②钩织中心部分（ ）。
③钩织1圈边。

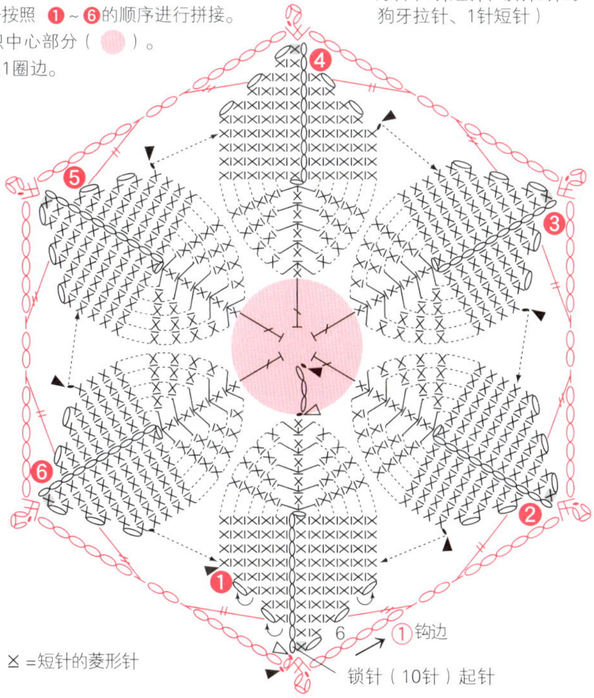

①钩边
锁针（10针）起针

X =短针的菱形针

64

材料：和麻纳卡 PAUME（纯棉）蕾丝线 本白色（101）2克
针：2号蕾丝针
尺寸：直径10cm

作品见p.49

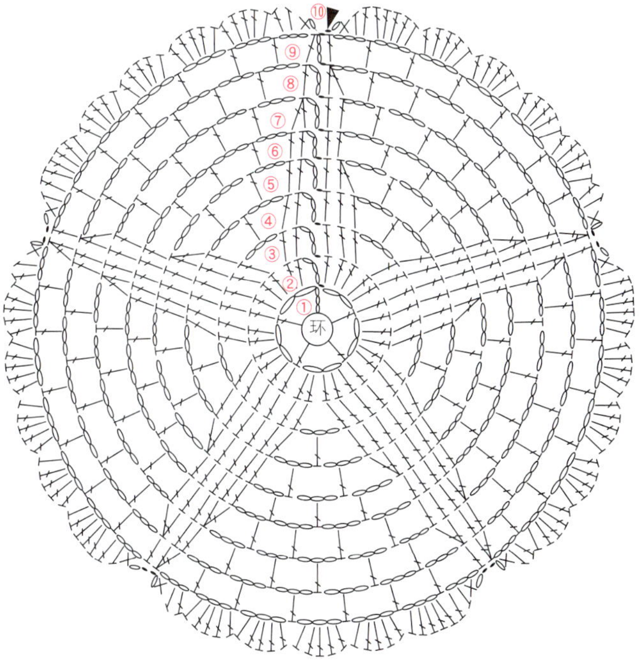

part5
Popularity

受欢迎的花片

Fashion motif
时尚小物件

67 怀表
68 钥匙
69 蝴蝶结装饰带
70 蝴蝶结
71 戒指

钩织方法:作品 67~69 见 p.55, 作品 70 见 p.54, 作品 71 见 p.58

时尚小物件、蝴蝶、心形、音符、埃菲尔铁塔等可爱装饰物大集合。
把它们随意地装饰到橡皮筋或化妆包上一定会让它们魅力倍增。

72 蝴蝶
73 玛格丽特花
74 兔子
75 蝴蝶

Creature motif
生物图案

钩织方法：作品 72 见 p.58，作品 73 见 p.59，作品 74 见 p.55，作品 75 见 p.54

78

材料：奥林巴斯 EMMY GRANDE 本白色（804）4克
针：0号蕾丝针
尺寸：直径10cm

作品见p.56

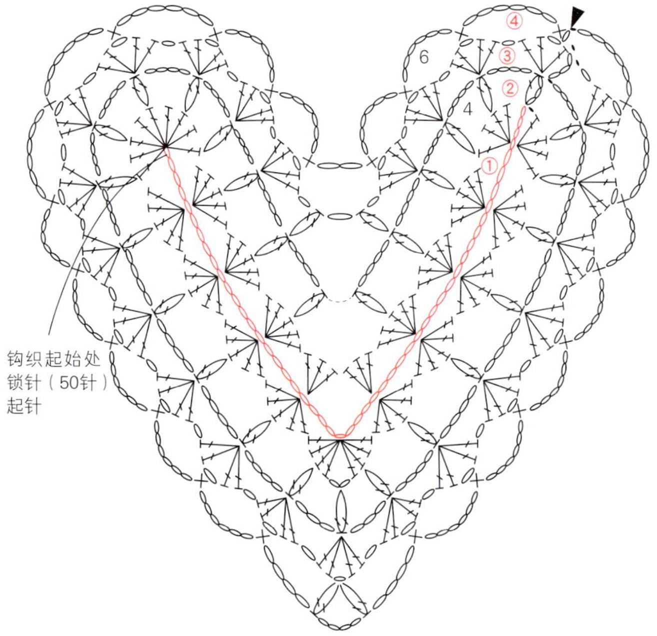

75

材料：奥林巴斯 EMMY GRANDE 本白色（804）5克
针：0号蕾丝针
尺寸：直径10cm

作品见p.53

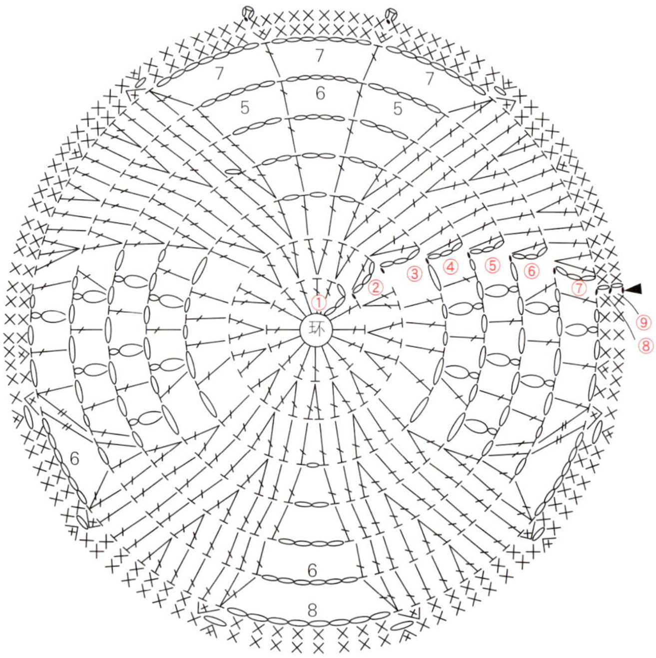

第1圈的针数=16针（包含立起的锁针）

81

材料：奥林巴斯 EMMY GRANDE 本白色（804）6克
针：0号蕾丝针
尺寸：直径10cm

作品见p.57

※ 、 是将前1圈的 分开挑起。
※钩织时从针目的尾针处将其分开，
成束挑起锁针针目。

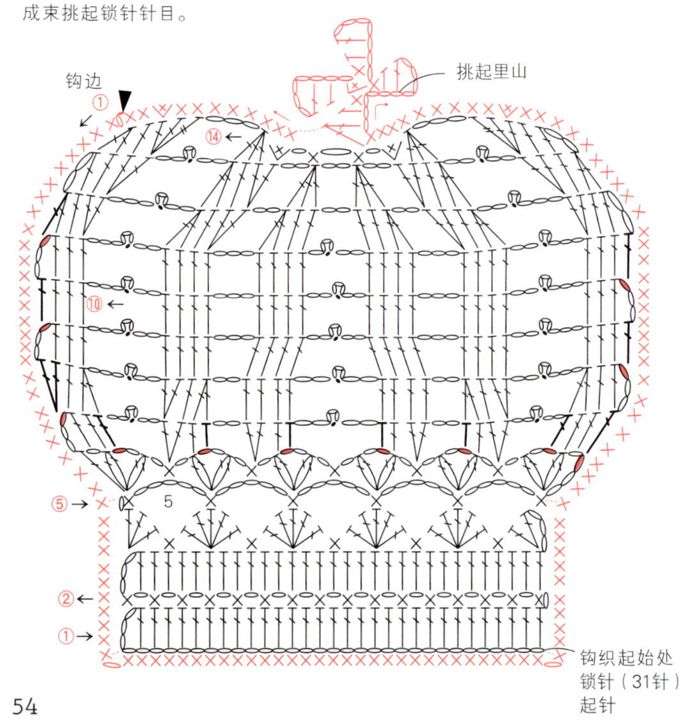

70

材料：奥林巴斯 EMMY GRANDE 本白色（804）5克
针：0号蕾丝针
尺寸：直径10cm

作品见p.52

※钩边时从针目的尾针处将其分开，
成束挑起锁针针目。

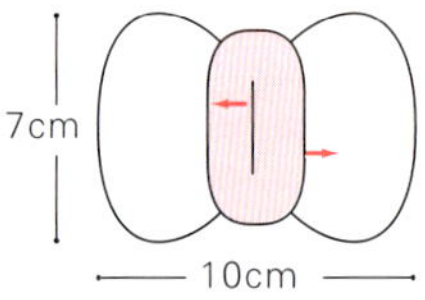

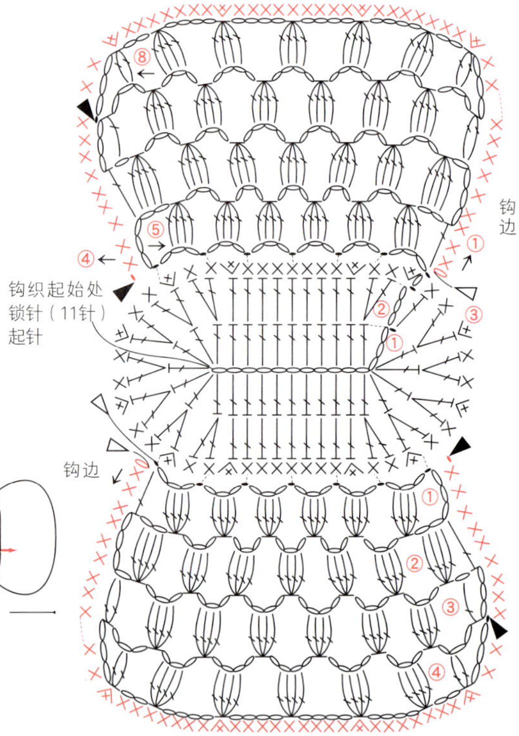

68

材料：HOBBYRA HOBBYRE SHINY FIL 金线（1）少许
针：2号蕾丝针
尺寸：参见图片

作品见p.52

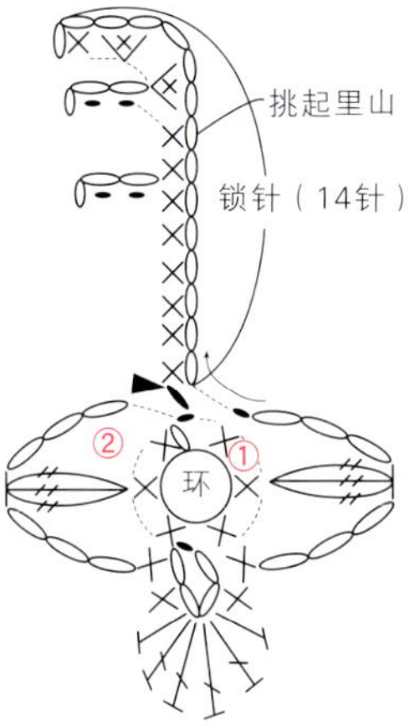

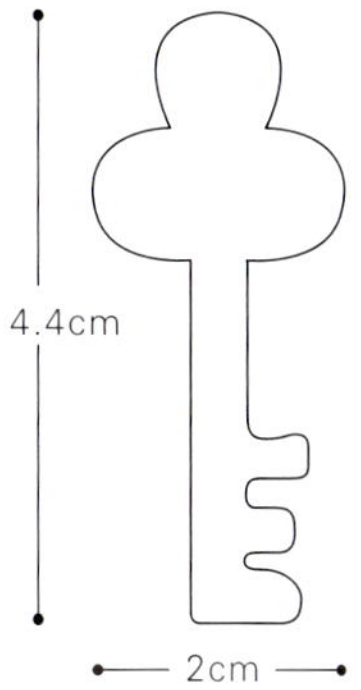

74

材料：HOBBYRA HOBBYRE CROCHET COTTON 本白色（10）2克
针：2号蕾丝针
尺寸：参见图片

作品见p.53

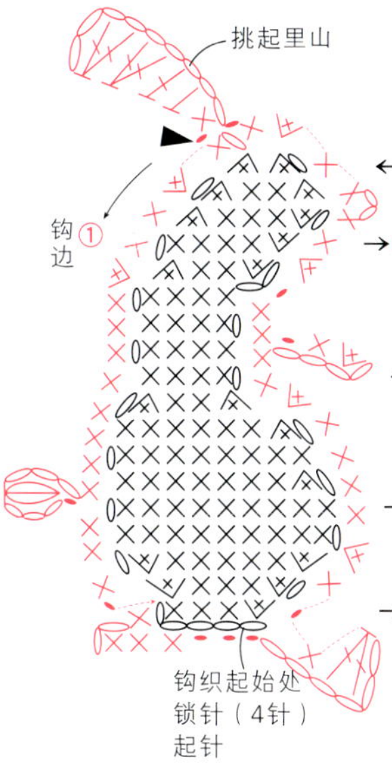

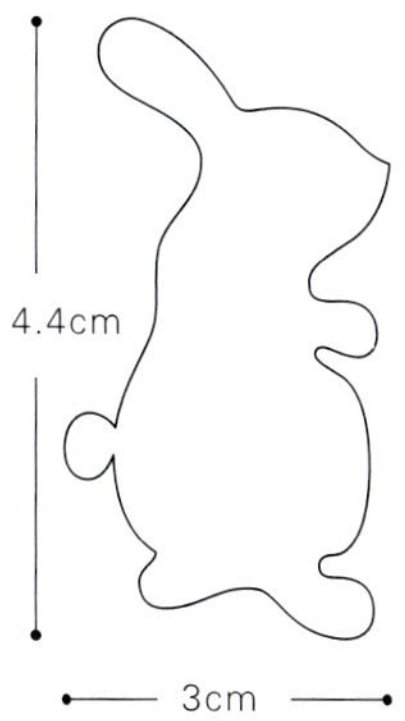

67

材料：HOBBYRA HOBBYRE SHINY FIL 金线（1）2克，CROCHET COTTON 本白色（10）少许、茶色（13）少许；直径2.2cm的毛毡 白色 3片
针：0号蕾丝针
尺寸：参见图片

作品见p.52

基底 金线

※把反面转到正面。

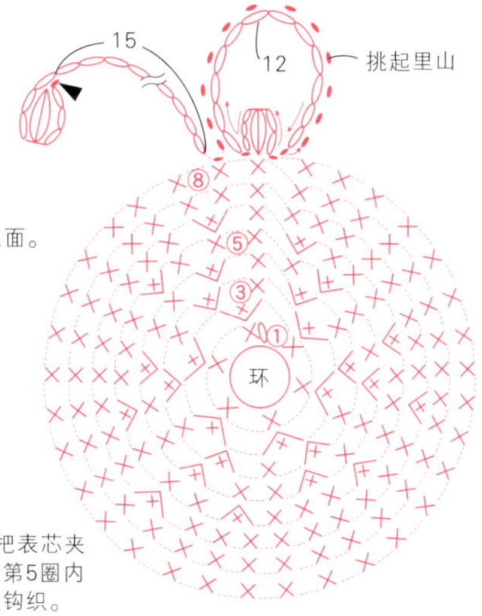

※钩织第8圈时，把表芯夹在中间，与表盘第5圈内侧半针一起挑起钩织。

表盘 本白色

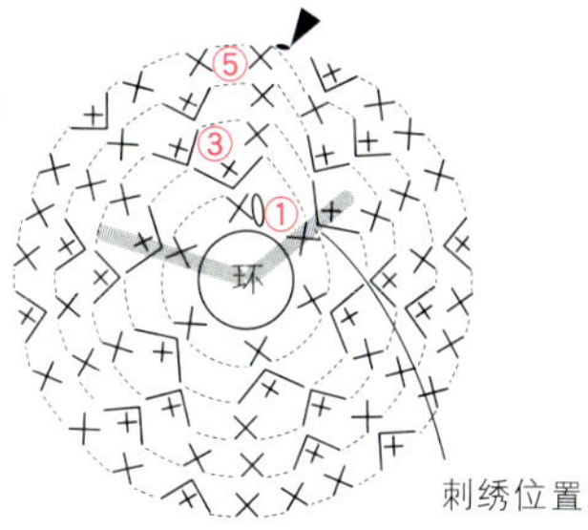

基底、表盘的针数

圈数	1	2	3	4	5	6	7	8
针数	6	12	18	24	30	33	33	
加减针数		+6	+6	+6	+6	+3		

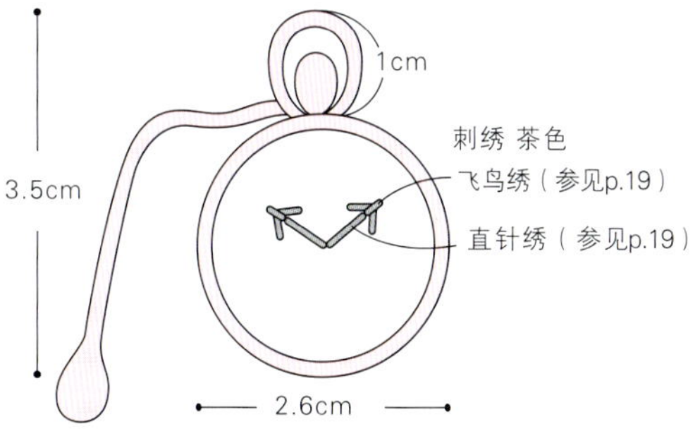

69

材料：奥林巴斯 EMMY GRANDE（HERBS）粉色（119）5克
针：0号蕾丝针
尺寸：长约30cm

作品见p.52

※拼接花片。

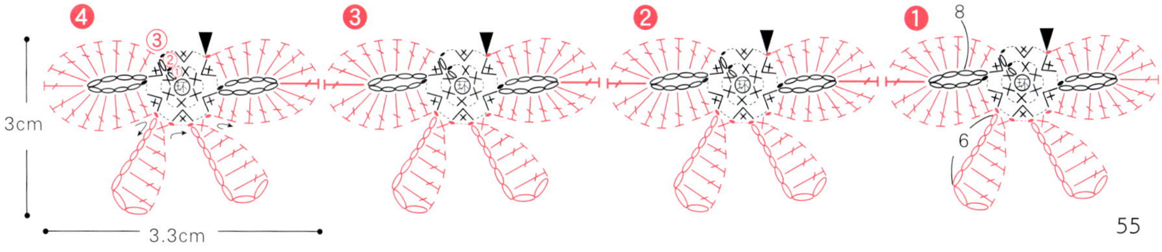

Heart motif

心形图案

76~79　心形

钩织方法：作品76、77见p.22，作品78见p.54，作品79见p.59

能让人欢欣雀跃的图案。在情人节、圣诞节等节日时进行装饰，仿佛气氛都热闹起来了。

Travel motif

旅行图案

80 音符

81 王冠

82 埃菲尔铁塔

钩织方法：作品 80 见 p.58，作品 81 见 p.54，作品 82 见 p.59

把旅游照片、特产包装纸等纪念品组合拼贴，做成旅行笔记本。

71

材料：HOBBYRA HOBBYRE SHINYFIL 金线（1）1克，CROCHET COTTON 粉色（8）少许；填充棉 少许
针：2号蕾丝针
尺寸：参见图片

作品见p.52
要点提示见p.7

宝石

※钩织到第6圈的×部分换线，然后在第3圈的×和✕中入针钩织短针将第4、5圈包住。

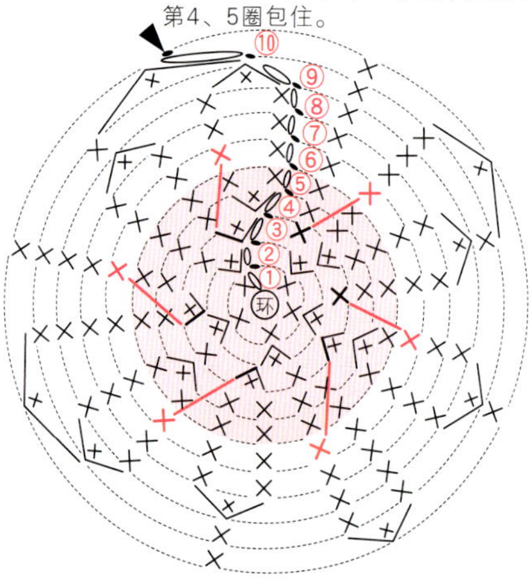

宝石的针数和配色表

圈数	1	2	3	4	5	6	7	8	9	10
针数	5	10	15	18	18	18	18	15	12	8
加减针	/	+5	+5	+3	/	/	/	−3	−3	−4
配色	粉色					金线				

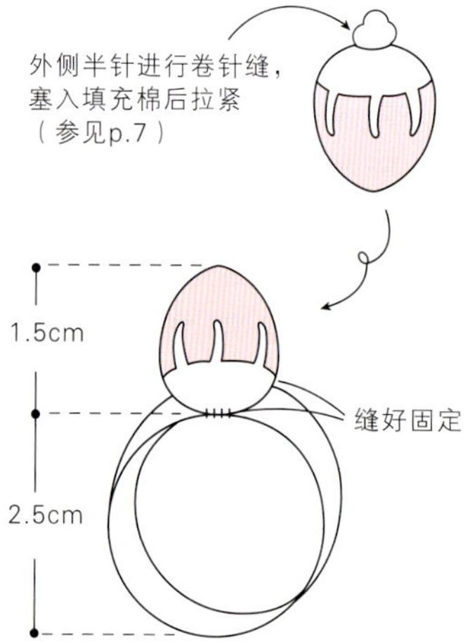

戒指 金线

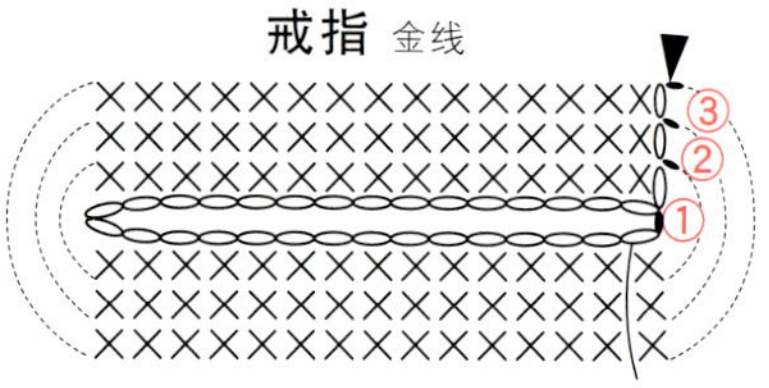

※将锁针的里山挑起后钩织第1行。

钩织起始处
锁针（30针）起针

72

材料：HOBBYRA HOBBYRE CROCHET COTTON 黄色（2）1克，藏青色（6）少许
针：2号蕾丝针
尺寸：参见图片

作品见p.53

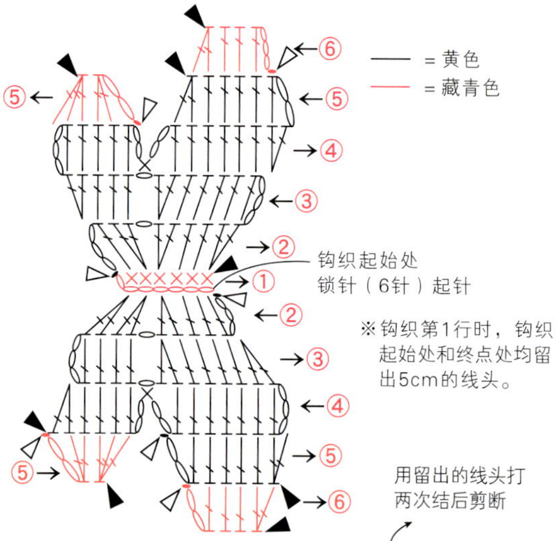

※钩织第1行时，钩织起始处和终点处均留出5cm的线头。

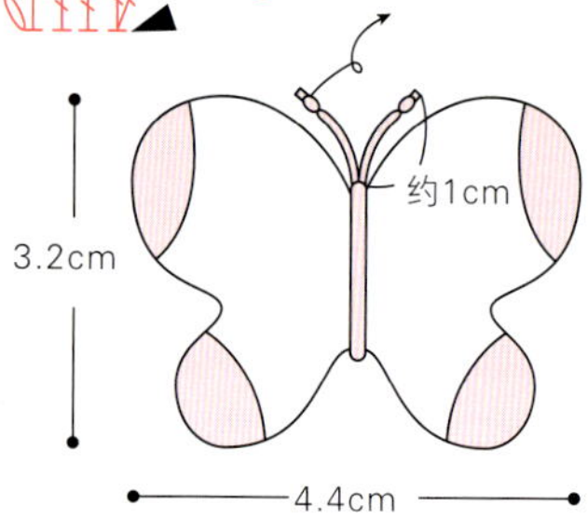

80

材料：奥林巴斯 EMMY GRANDE 粉色（160）5克
针：0号蕾丝针
尺寸：长约30cm

作品见p.57

音符A

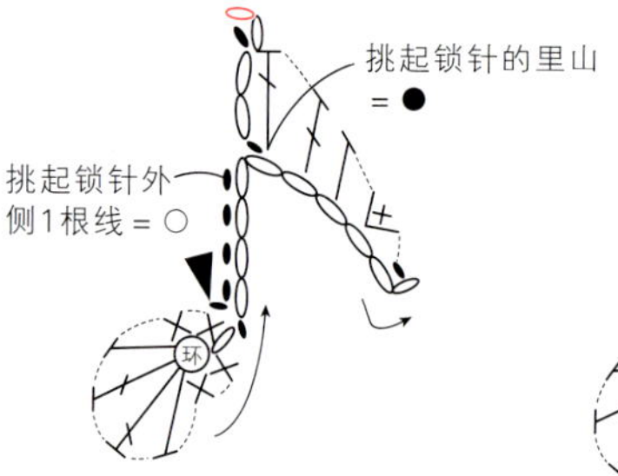

音符B

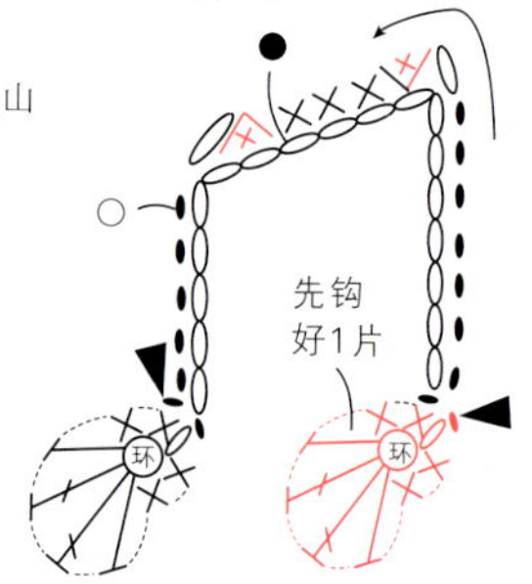

※首先钩出音符A、B所需要的片数。

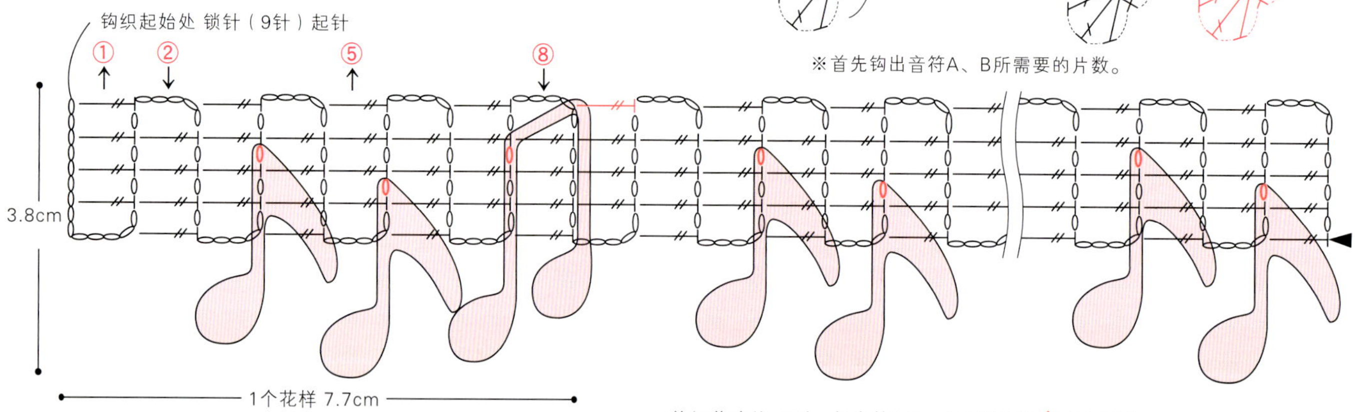

※钩织花边的⬭时，把音符A的⬭和音符B的✕进行拼接。
※钩织花边的Ŧ时，把音符B的✕（只有第1针）一起挑起后钩织。

73

作品见p.53
要点提示见p.7

材料：和麻纳卡 WASH COTTON（CROCHET）本白色（102）5克，黄绿色（108）4克，黄色（104）1克
针：2号蕾丝针
尺寸：长约38cm

※拼接花片。
※钩织❶的花萼，再钩织❷，然后与❶拼接（参见p.7）。
❸也按照同样方法钩织拼接。

花萼、茎和叶子 黄绿色

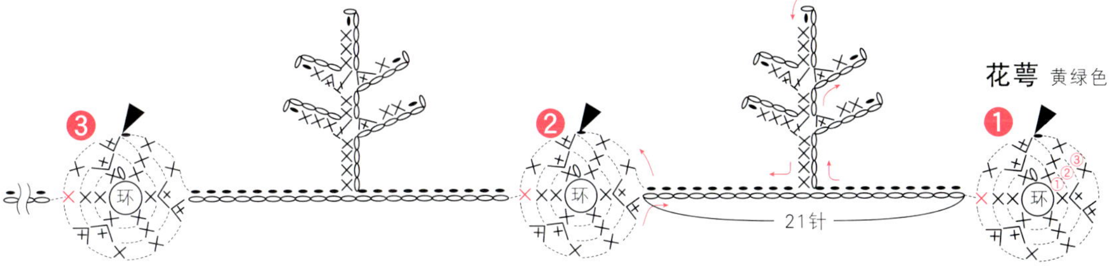

…✕ = 钩织完锁针后暂时把针取出，把针插入虚线短针顶端的处，再将之前的针目引拔出

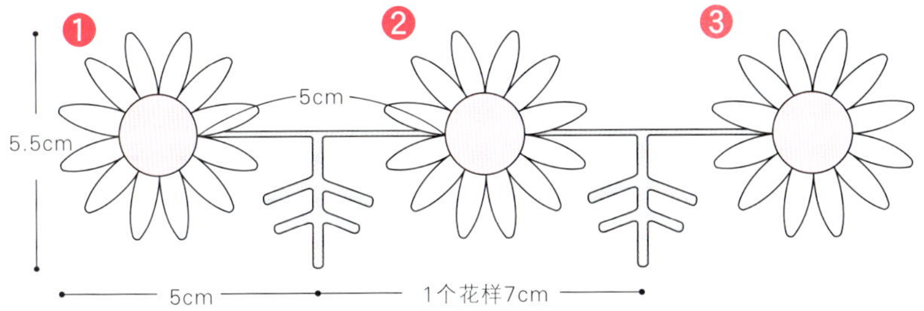

花芯 黄色
※按照花芯部分的符号图钩织花芯。

花瓣 本白色
※把花芯重叠到花萼上，塞入填充棉后再钩织。

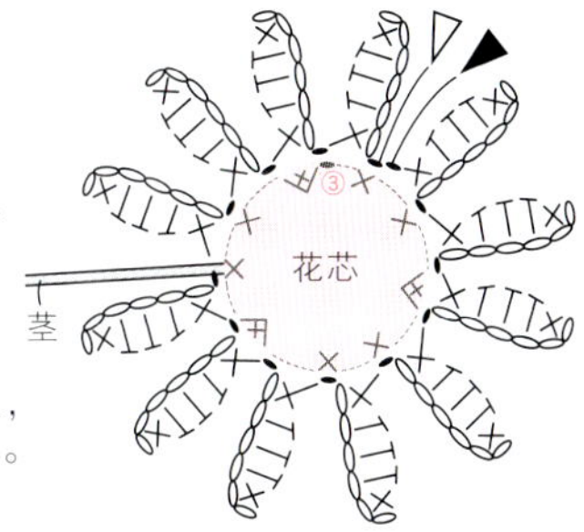

79

作品见p.56

材料：奥林巴斯 EMMY GRANDE（HERBS）红色（190）4克
针：0号蕾丝针
尺寸：长约31cm

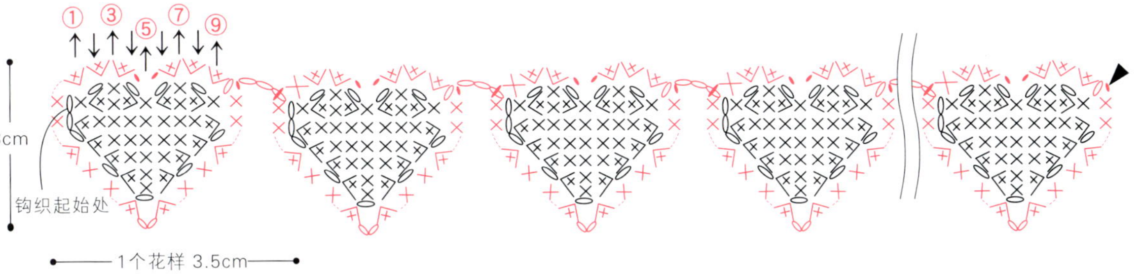

82

作品见p.57

材料：奥林巴斯
a：EMMY GRANDE（宝石）蓝色（335）1克
b：EMMY GRANDE（HERBS）米色（L740）1克
c：EMMY GRANDE 红色（190）1克 胶水少许
针：0号蕾丝针
尺寸：参见图片

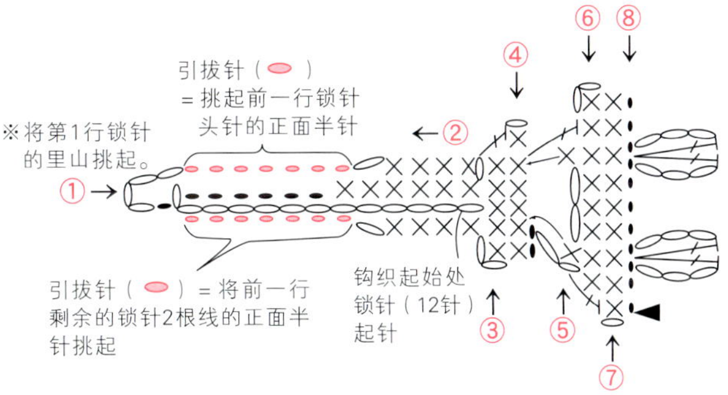

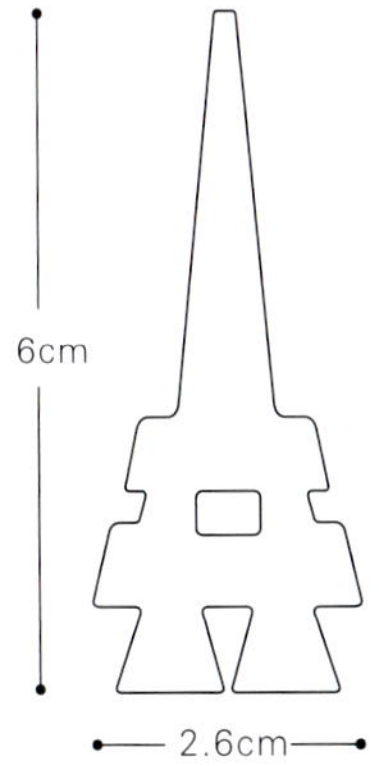

※涂上薄薄的胶水固定。

part6
Christmas

圣诞节

83　手套

84　雪人

钩织方法：作品 83 见 p.63，作品 84 见 p.75

今年的圣诞节用手工制作的图案装饰房间吧！
尽情地感受把图案装饰在礼物的外包装或留言卡上的各种乐趣吧。
感受非常温暖甜美的圣诞节……

85 圣诞老人
86 柊树
87 雪花图案装饰物
88 圣诞树
89 圣诞袜
90 天使

钩织方法：作品 85、88 见 p.62，作品 86 见 p.66，作品 87、90 见 p.63，作品 89 见 p.75

85

作品见p.61

材料：奥林巴斯 EMMY GRANDE（HERBS）红色（190）2克、米色（732）少许，EMMY GRANDE 本白色（804）少许，金线25克（L302）1m；填充棉 少许，直径0.6cm的珍珠串珠1颗，金色圆形大串珠1颗

针：0号蕾丝针

尺寸：参见图片

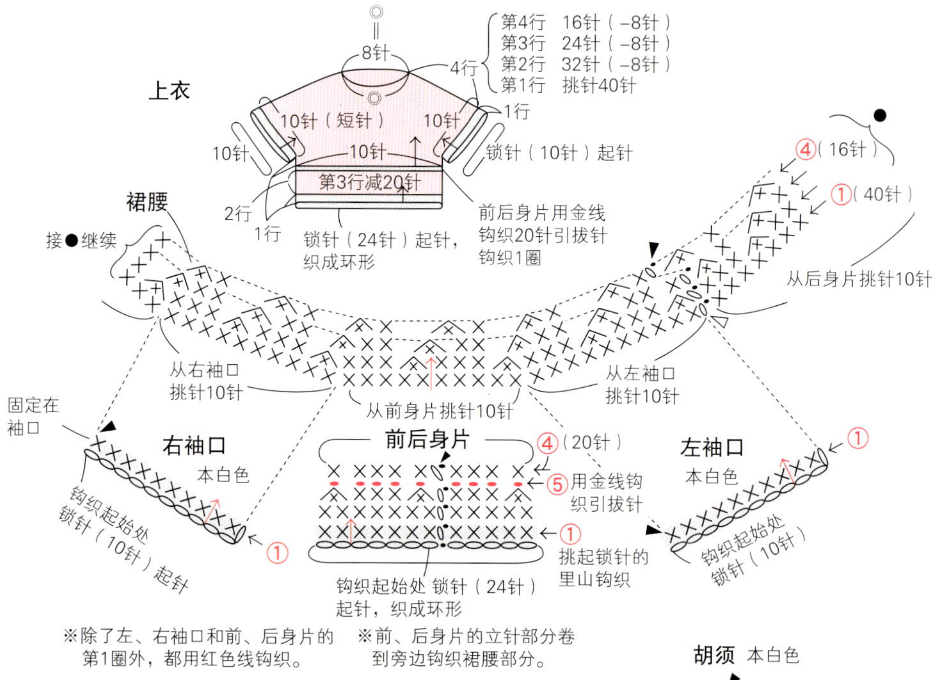

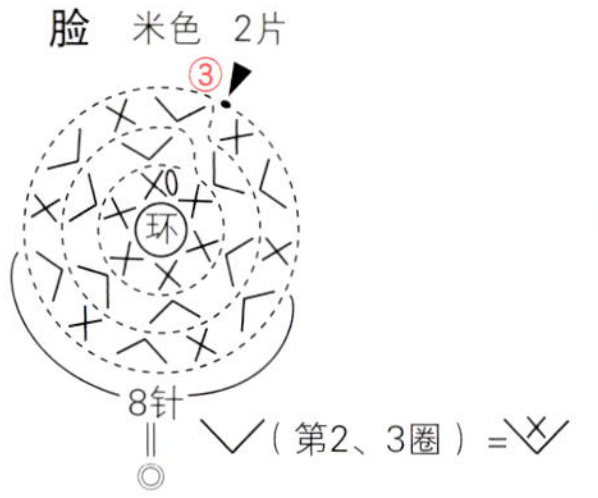

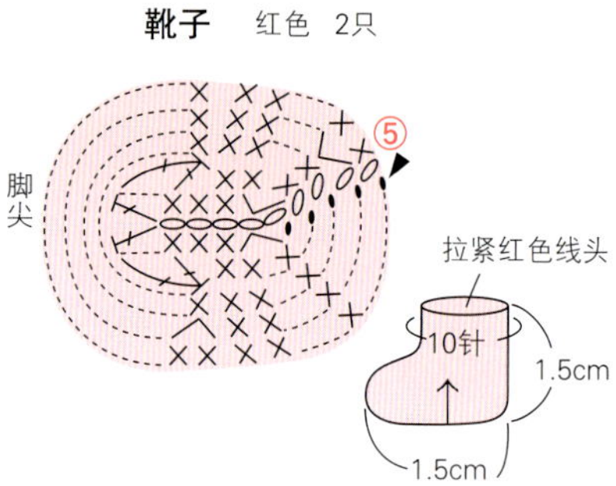

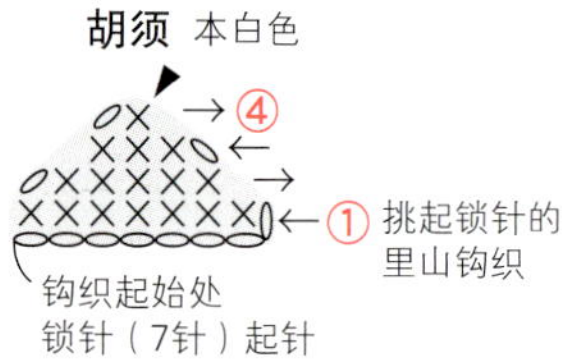

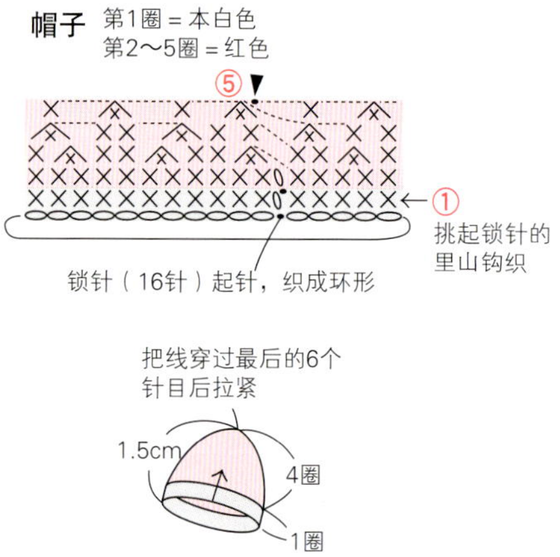

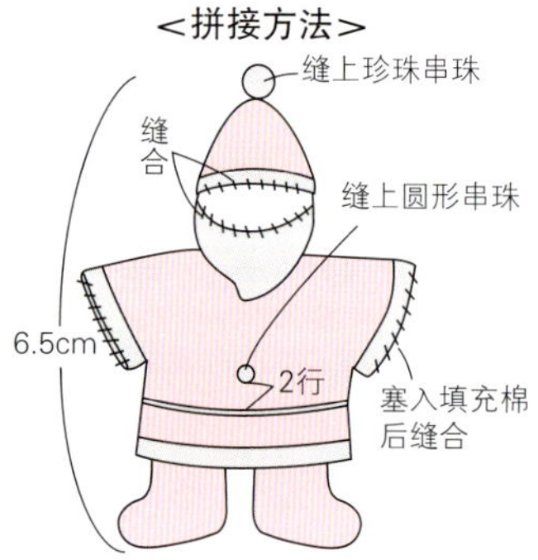

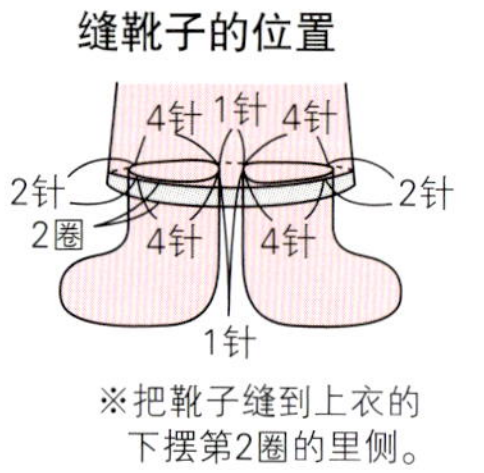

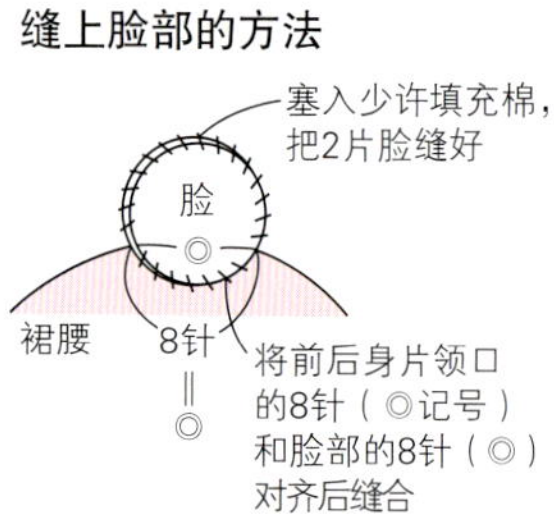

88

作品见p.61

材料：奥林巴斯 EMMY GRANDE（金线）本白色（L804）1克，EMMY GRANDE（HERBS）黄绿色（273）1.5克，EMMY GRANDE 绿色（238）2克；直径0.3cm的珍珠串珠5颗、金色圆形大串珠14颗

针：0号蕾丝针

尺寸：参见图片

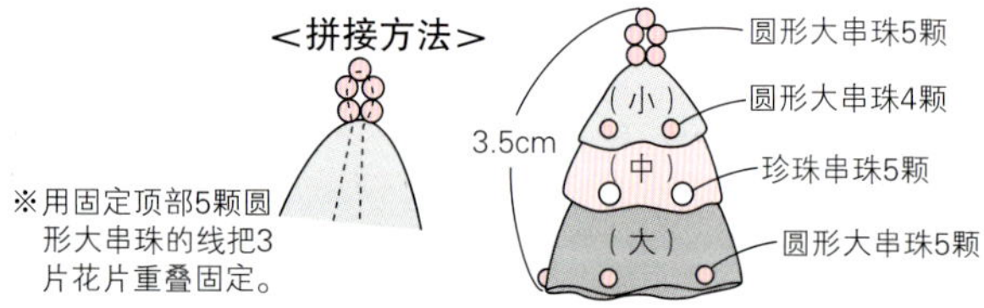

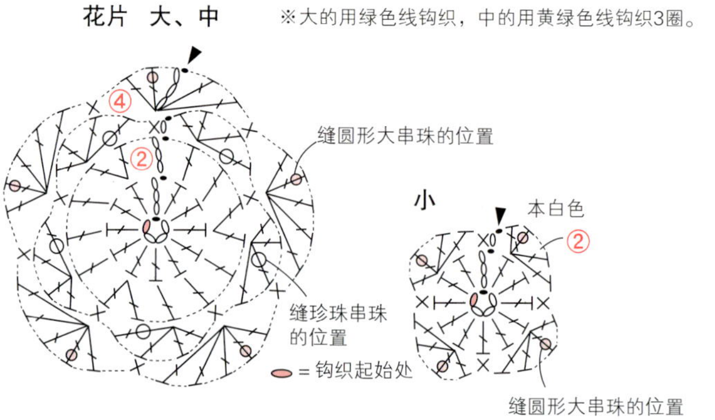

83

材料：奥林巴斯 EMMY GRANDE（HERBS）红色（190）3克，EMMY GRANDE（金银丝线）本白色（L804）1克；直径0.5cm的亮片2片
针：2号蕾丝针
尺寸：参见图片

作品见p.60

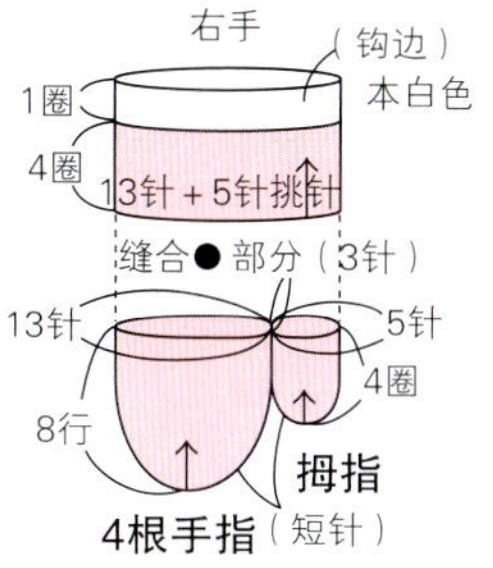

钩织顺序

※除指定外均用红色线钩织。

1. 4根手指指间和拇指用短针分别进行钩织。
2. 缝合步骤1中钩织的两部分的●部分。
3. 从4根手指和拇指部分挑针（4根手指13针，拇指5针，共18针），钩织手掌和手背（4行短针）。
4. 手套口用本白色线钩边，把亮片缝到手背上。
5. 把2只手套用线绳连接。

※左手对称钩织。

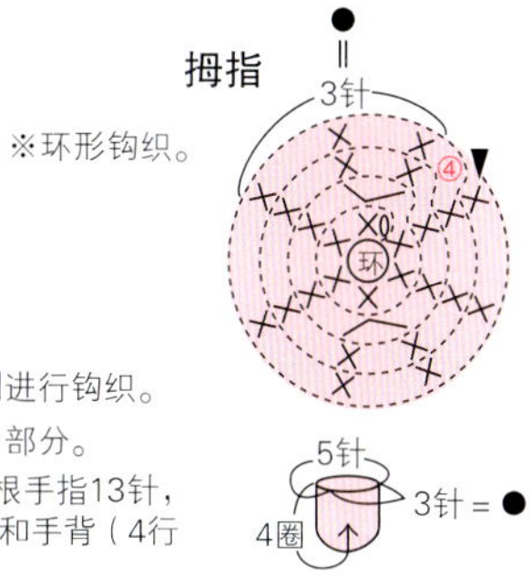

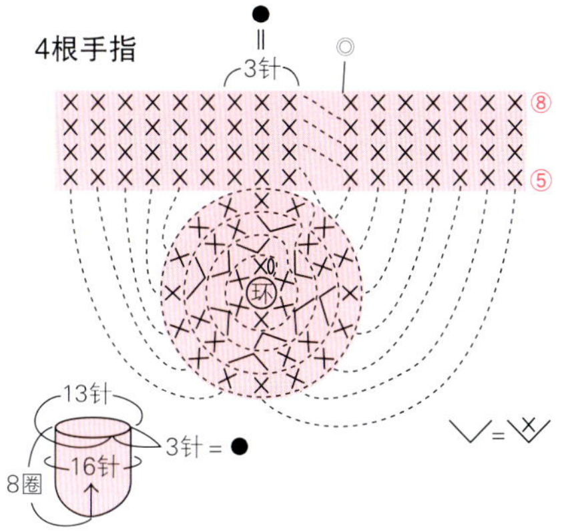

＜刺绣方法＞

※图案是实物尺寸。

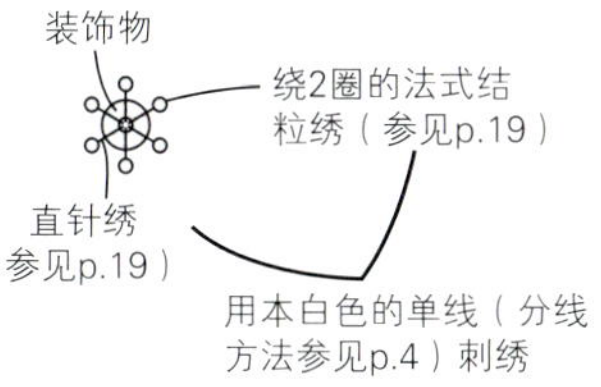

手套口

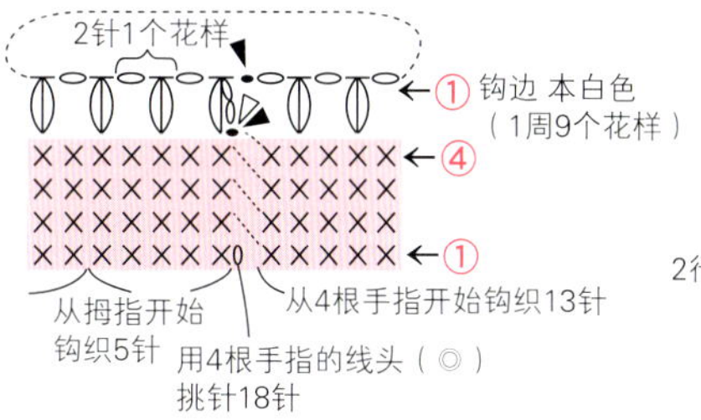

＜完成＞

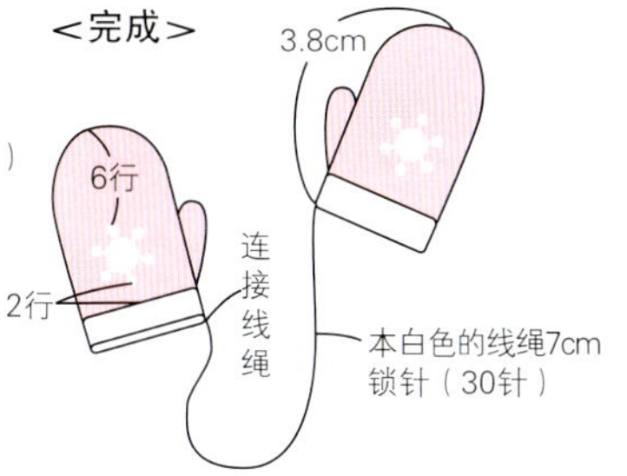

87

材料：奥林巴斯 EMMY GRANDE（金银丝线）本白色（L804）2.5克，EMMY GRANDE 红色（192）2.5克
针：0号蕾丝针
尺寸：参见图片

作品见p.61

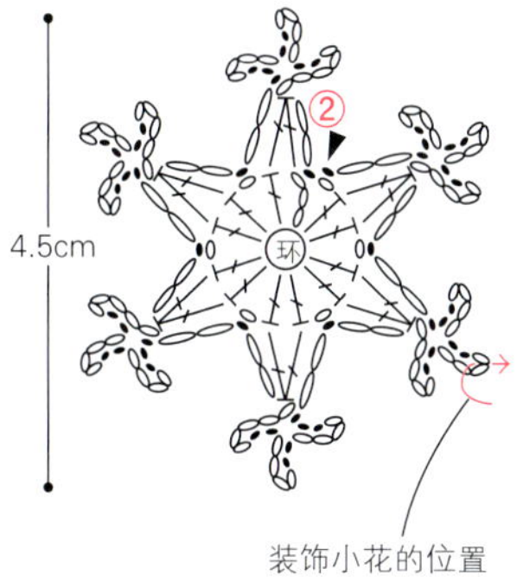

＜拼接方法＞

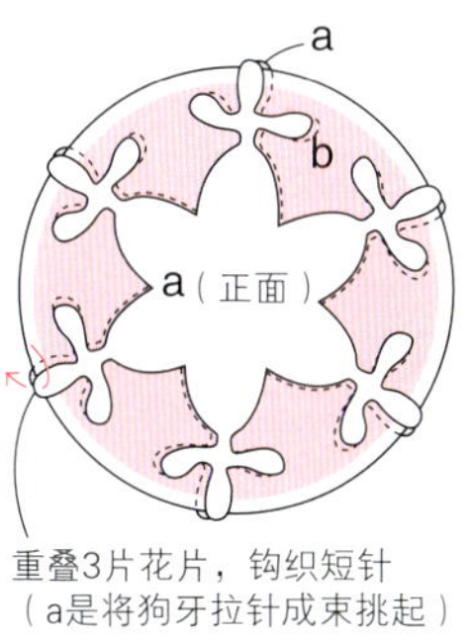

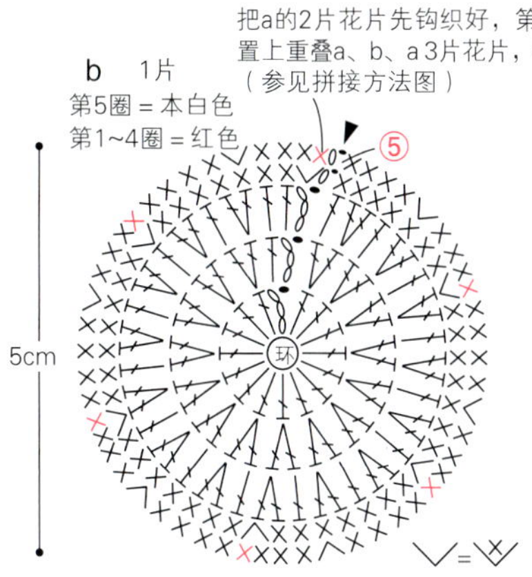

90

材料：奥林巴斯 EMMY GRANDE 本白色（804）3克，EMMY GRAND（金银丝线）25克 金色（L302）少许；填充棉 少许
针：0号、2号蕾丝针
尺寸：参见图片

作品见p.61

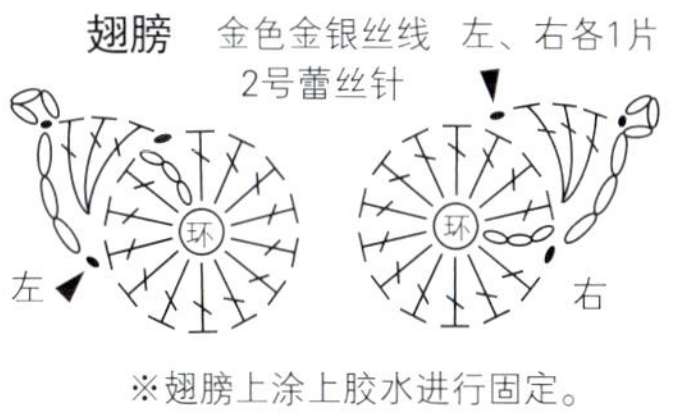

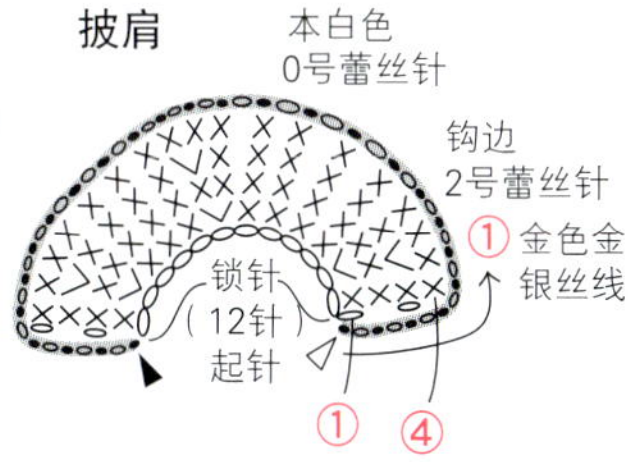

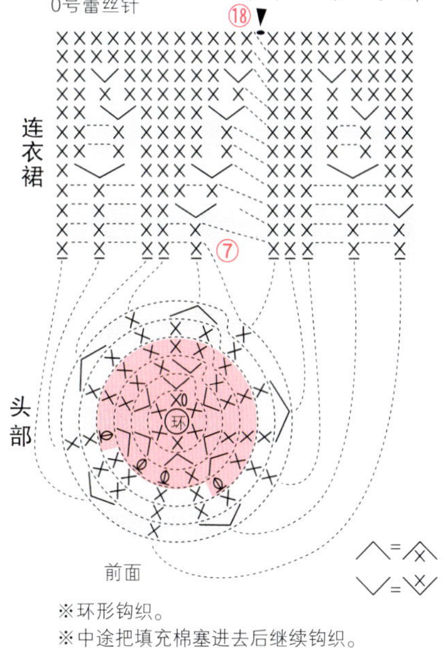

收尾的方法

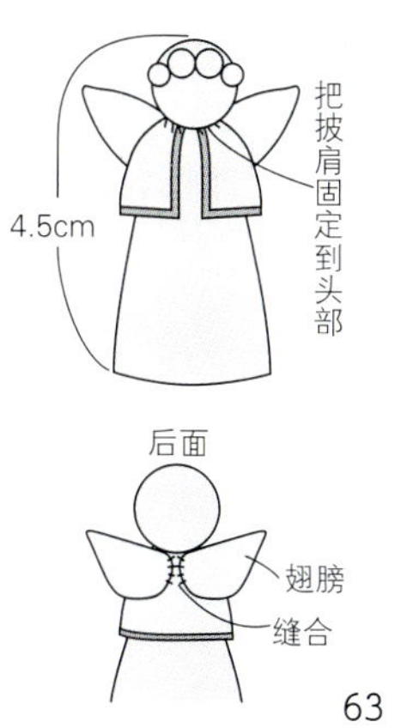

91b 铃铛
92b 圣诞树
93a 圣诞老人
94a 圣诞袜

钩织方法：作品 91、92 见 p.66，作品 93、95 见 p.67，作品 94 见 p.75

95b 雪花
93b 圣诞老人
94b 圣诞袜
92a 圣诞树
91a 铃铛
95a 雪花

串珠让花片闪闪发光。不同颜色的花片还可以增加可爱度。

86

作品见p.61

材料：奥林巴斯 EMMY GRANDE 绿色（238）2克，红色（192）1克
针：0号蕾丝针
尺寸：参见图片

叶子 绿色 3片

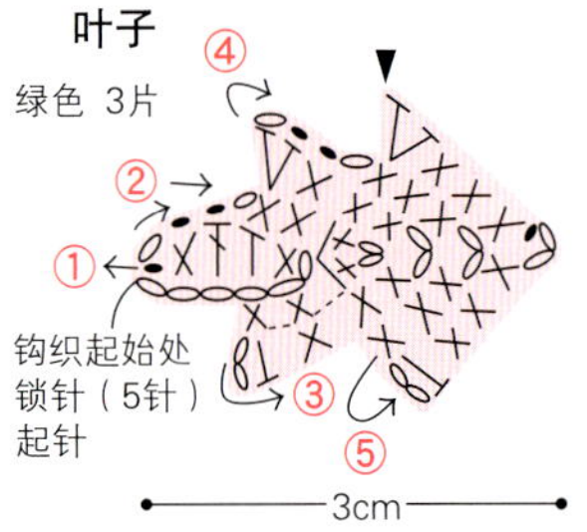

果实 红色 2颗

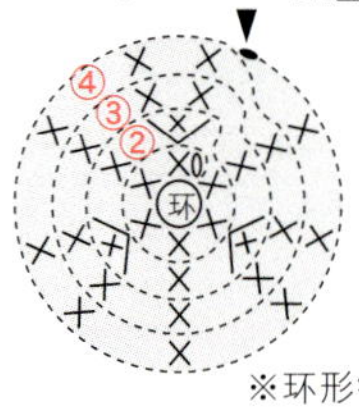

※环形钩织。

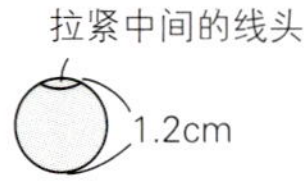

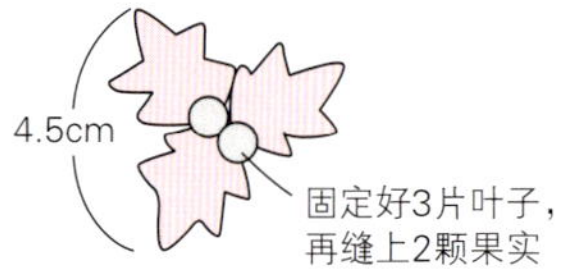

91

作品见p.64、p.65

●91a
材料：奥林巴斯 金票#40 黄色（521）1克，绿色（257）少许
串珠：MIYUKI 勾玉串珠 4mm 红色（MA140）3颗
针：4号蕾丝针
尺寸：参见图片

●91b
材料：奥林巴斯 金票#40 黄色（521）1克，白色（801）少许
串珠：MIYUKI 勾玉串珠 4mm 金色（MA1053）3颗
针：4号蕾丝针
尺寸：参见图片

铃铛
黄色
a和b通用

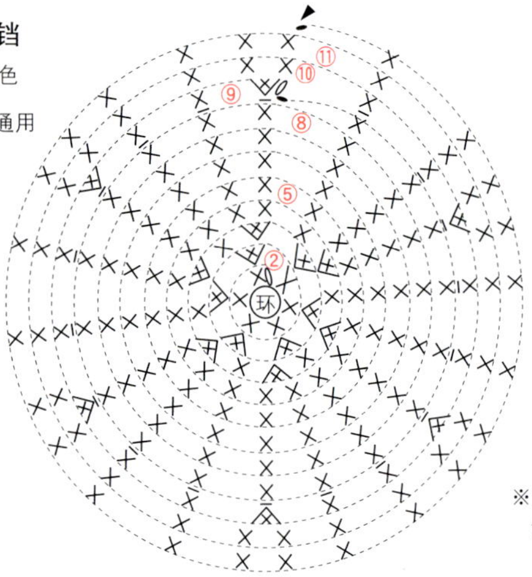

铃铛针数表

圈数	针数	加减针
11	24	
10	24	
9	24	+6
8	18	
7	18	
6	18	
5	18	
4	18	
3	18	+6
2	12	+6
1	6	

※第1~8圈 第9~11圈 分别按照环形一圈圈地钩织，卷好。

叶子 a＝绿色 b＝白色

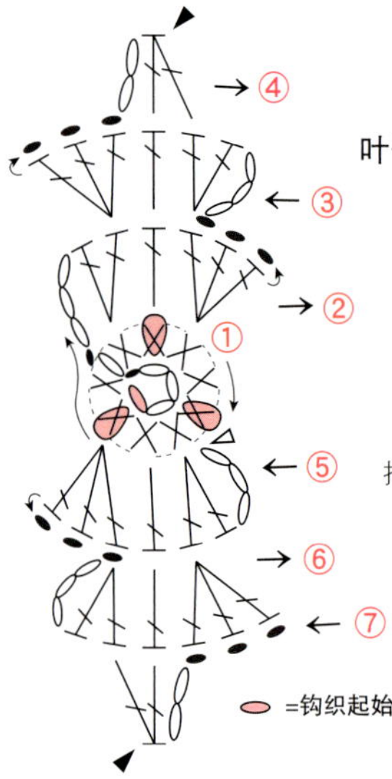

（红色水滴符号）= a红色 b金色

（红色椭圆符号）=钩织起始处

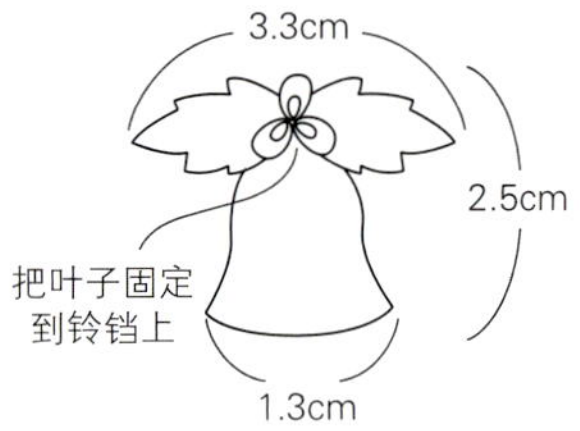

92

作品见p.64、p.65

●92a
材料：DMC COTTON PEARL 8号 绿色（909）2克，茶色（436）、白色（BLANC）各少许；填充棉 少许
串珠：MIYUKI 3孔串珠（10/0）白色（471）54颗
装饰物：直径0.5cm的星星 粉色、蓝色、银色、金色各2片
针：4号蕾丝针
尺寸：参见图片

●92b
材料：DMC COTTON PEARL 8号 白色（BLANC）2克，茶色（436）少许；填充棉 少许
串珠：MIYUKI 3孔串珠（10/0）金色（182）54颗
装饰物：直径0.5cm的星星 粉色、蓝色、银色、金色各2片
针：4号蕾丝针
尺寸：参见图片

圣诞树 2片 ※钩织方法a和b通用。

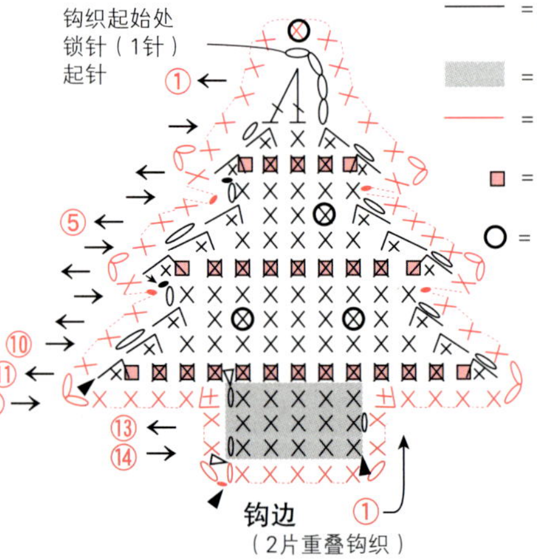

（线）= a绿色 b白色
（灰色）= a和b都是茶色
（红线）= a和b都是白色
（红色方块）= a白色 b金色
○ = ☆装饰的安装位置（配色参见下图）

钩织顺序

※ a、b钩织线和串珠的配色不同，星星装饰的配色通用。

① 钩织2片圣诞树。
② 重叠2片树的反面，钩边过程中塞入填充棉。

〈串珠、星星装饰的穿法〉 ※a和b通用。

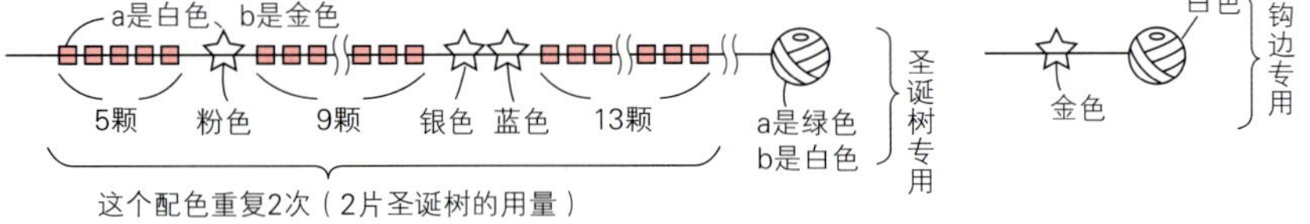

93

作品见p.64、p.65

●93a
材料：DMC COTTON PEARL 8号 红色（321）2克，白色（BLANC）、粉色（353）各少许；填充棉 少许
串珠：MIYUKI 3孔串珠（10/0）白色（402）34颗、金色（182）3颗，圆形古董串珠（11/0）黑色（DB-10）17颗
针：4号蕾丝针
尺寸：参见图片

●93b
材料：DMC COTTON PEARL 8号 白色（BLANC）2克，红色（321）、粉色（353）各少许；填充棉 少许
串珠：MIYUKI 3孔串珠（10/0）红色（141）34颗，金色（182）18颗，圆形古董串珠（11/0）黑色（DB-10）2颗
针：4号蕾丝针
尺寸：参见图片

身体、脸

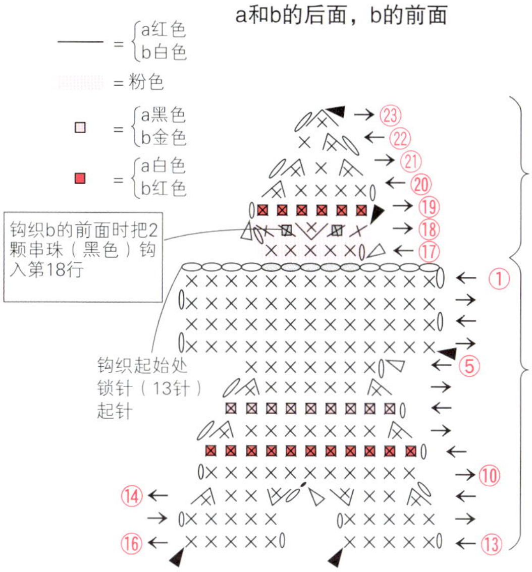

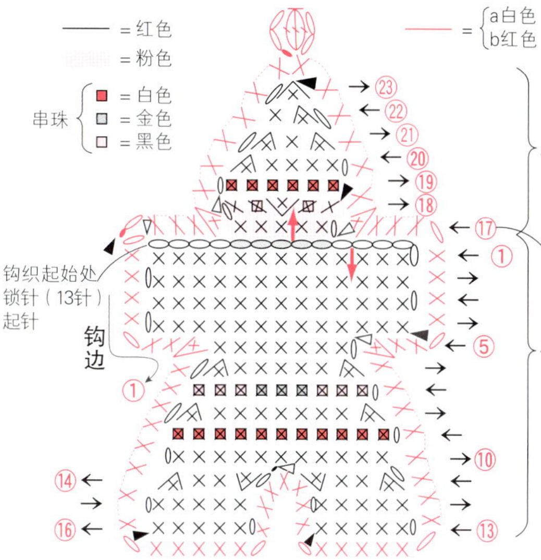

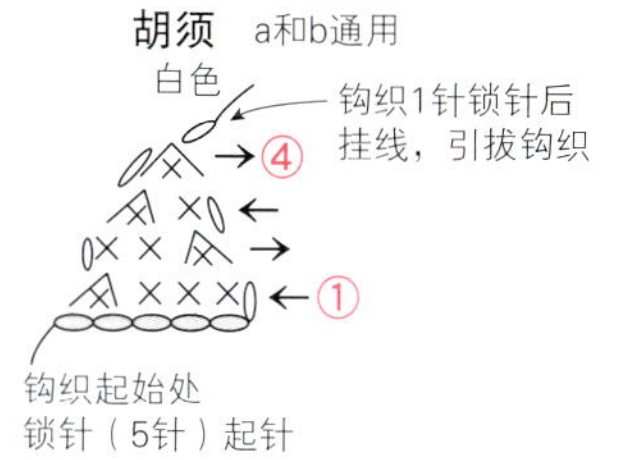

〈脸的钩织〉a和b通用

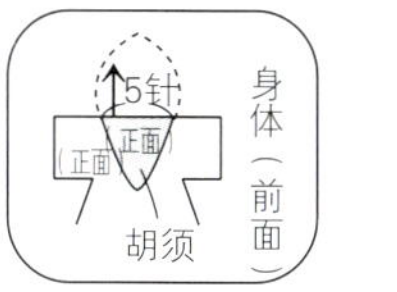

※重叠身体和胡须的5针（⬭部分），然后钩织脸部。

钩织顺序

※a和b的针数、行数、钩织方法相同，串珠和钩织线的配色不同。

①钩织后面的身体和脸。
②钩织胡须。
③钩织完身体前面后，把胡须钩织起始处的锁针（⬭的5针）重叠在身体前面钩织起始处的锁针（⬭的5针）上，从2片织片中挑起5针后钩织脸。
④重叠前、后片，中间塞入少许填充棉，钩边完成收尾。

※先钩织前、后的身体与脸，然后反面与反面相对重叠后（正面朝外），缝合2片织片的同时继续钩边。

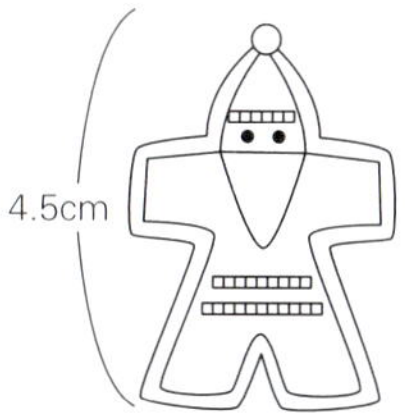

〈串珠的穿法〉

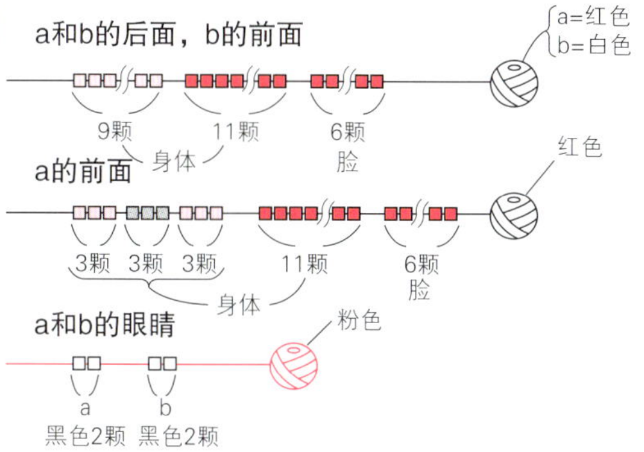

95

作品见p.64、p.65

●95a
材料：奥林巴斯 金票#40 淡蓝色（364）1克
串珠：MIYUKI 圆形小串珠（15/0）银色（181）78颗
针：4号蕾丝针
尺寸：参见图片

●95b
材料：奥林巴斯 金票#40 白色（801）1克
串珠：MIYUKI 圆形小串珠（15/0）淡蓝色（522）78颗
针：4号蕾丝针
尺寸：参见图片

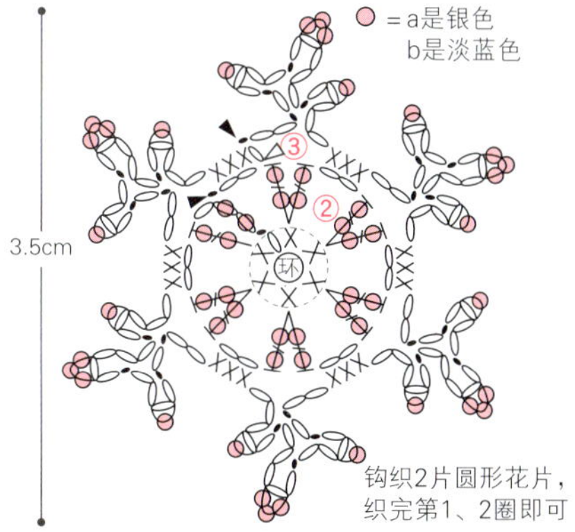

a和b通用 ※a用淡蓝色线、b用白色线钩织。

钩织顺序

①钩织2片圆形花片，织完第1、2圈后，2片反面与反面相对重叠。
②将重叠花片的2针锁针成束挑起，钩织3针短针，同时按照符号图钩织第3圈。

串珠钩织的基础

把串珠穿到线上后一边钩织一边加入串珠的钩织。从基础到解决问题的方法，图片中都有解释和说明。掌握基础后试着在作品中钩入串珠吧。

穿串珠的方法

串珠钩织的基本方法

1 事先把钩织作品时需要的串珠穿入线。

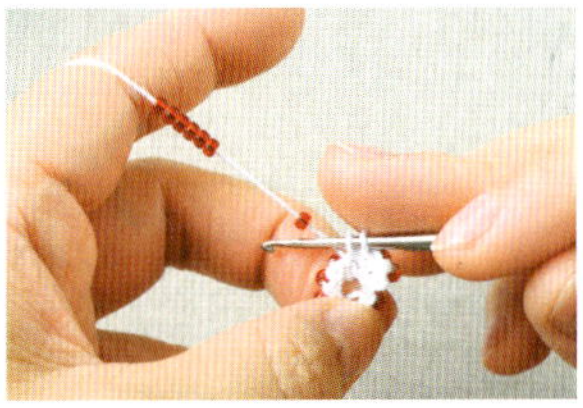

2 钩织的时候，一边用右手的中指推送串珠，一边继续钩织。

3 串珠在反面出现。

使用大眼针穿串珠

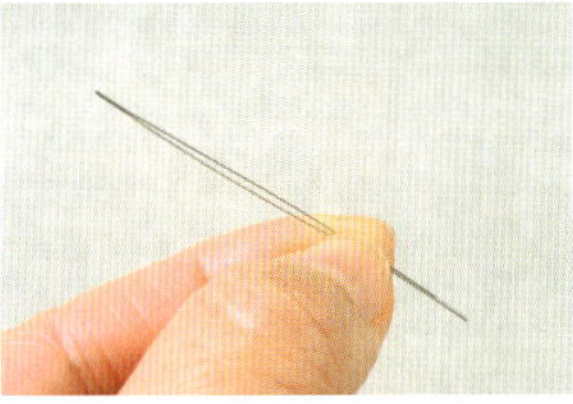

1 所谓的“大眼针”是指中间有缝隙的针，可以穿过串珠。粗细不同的线可穿过大小不同的串珠。

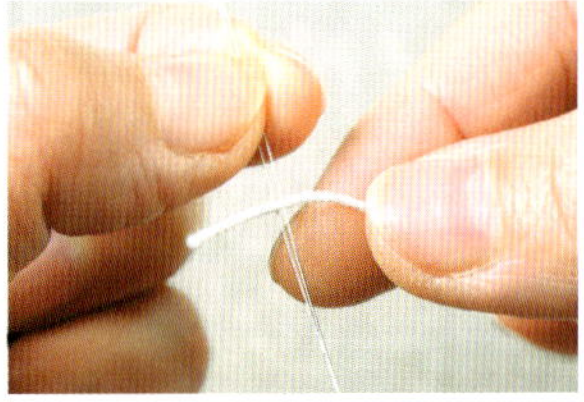

2 把线穿过大眼针。

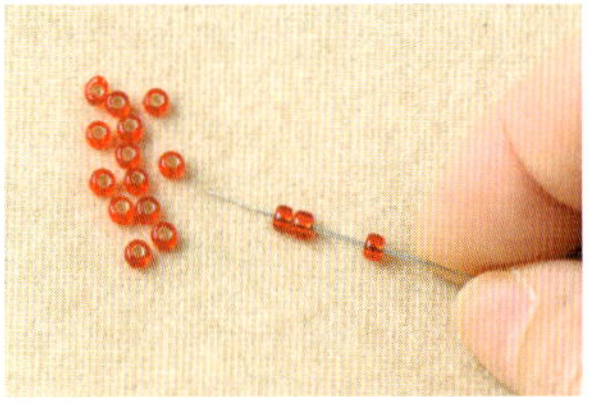

3 用针的前端穿入串珠的孔，挑起串珠。这个时候，把串珠放到毛毡或毛毡垫上更易于穿。

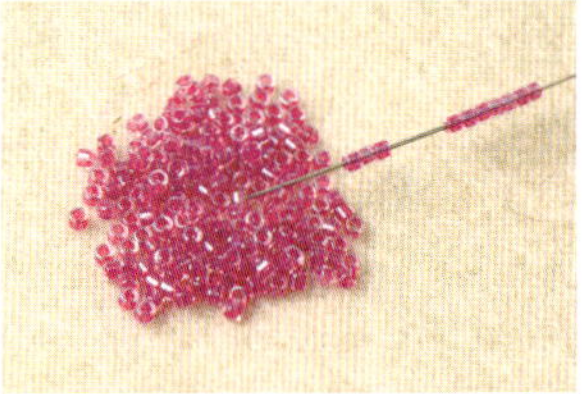

4 穿很多串珠的时候，把串珠集中起来，然后把针尖放入其中，能够更有效率。

直接穿线

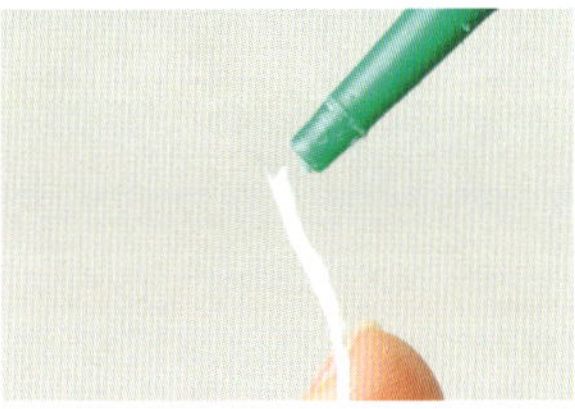

1 串珠孔的大小需能穿入线。先在线的顶端4~5cm处涂上黏合剂。

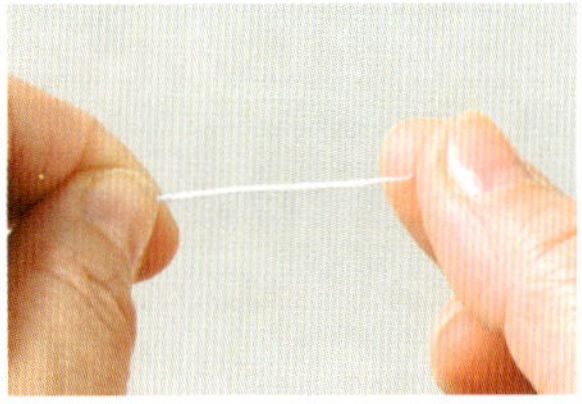

2 黏合剂稍微干些后，用手指捻线，将线绷直，同时把线头搓细。弄好后用剪刀倾斜剪断。

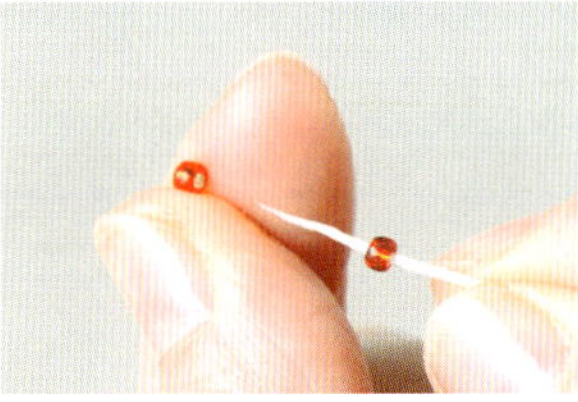

3 串珠的穿法和刚才用大眼针的要领相同。另外要用手指捏住串珠。

使用缝衣针穿

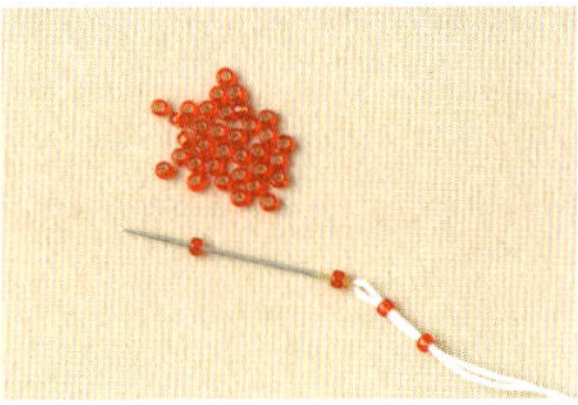

※串珠的孔如果大（圆形大串珠）的话，可以用细缝衣针穿。即使是同一种串珠也可能有小孔的，要把小孔的串珠挑出来。

把线上的串珠移到钩织线上

1 用剪刀倾斜剪钩织线的头。

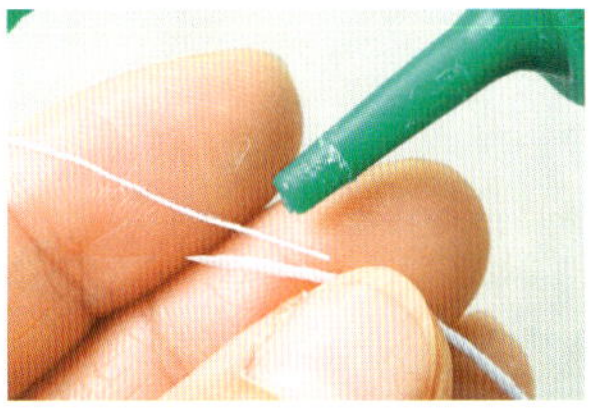

2 把穿过的串珠的线和钩织线的顶端 2~3cm 处涂上黏合剂。

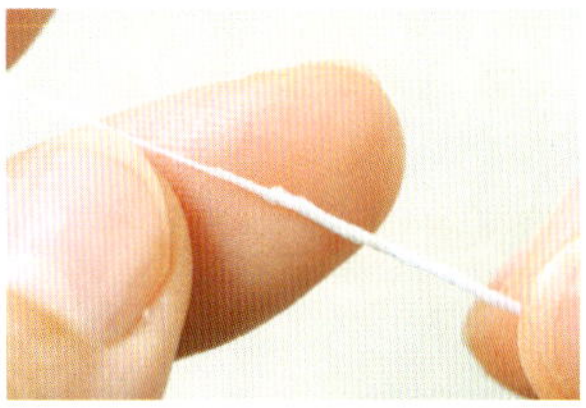

3 黏合剂稍干后，用手指把它们捻合。

4 把串珠移到钩织线上。

钩织时漏穿串珠的情况

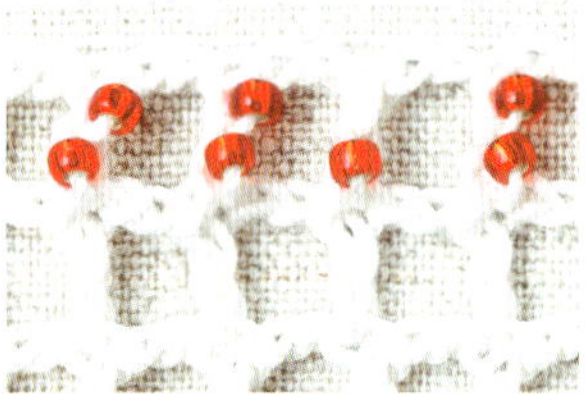

1 在比较复杂的情况下，最好拆开后重新钩织。

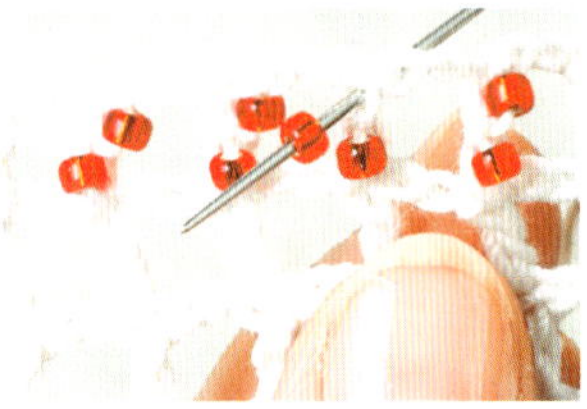

2 用同样的线穿入针中，从漏穿串珠的针目的反面入针，然后将串珠穿到针上。

3 由于要在穿出针的同一位置插入、抽出针，因此，至少要将 1 根原线夹在中间，然后将针返回另一侧。

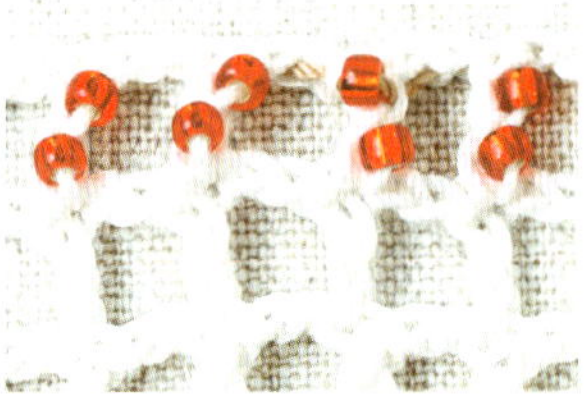

4 在反面（内侧）打结，将线头藏到针目中，修正完成。

多穿串珠的情况

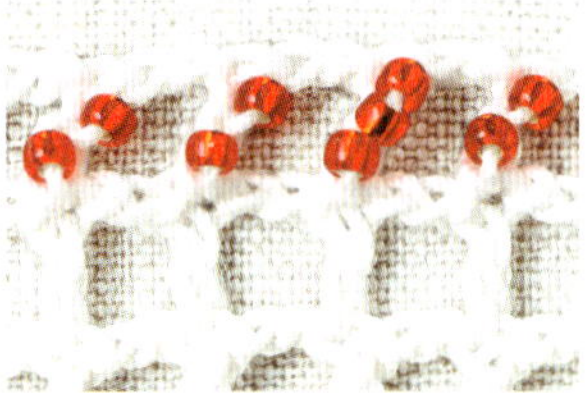

1 确认多穿的部分。

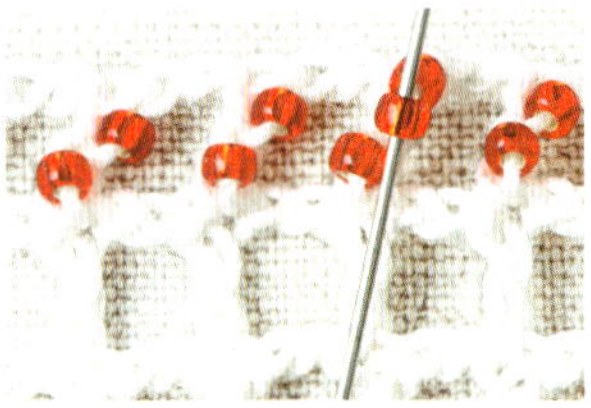

2 用非常细的针穿过多余的串珠。

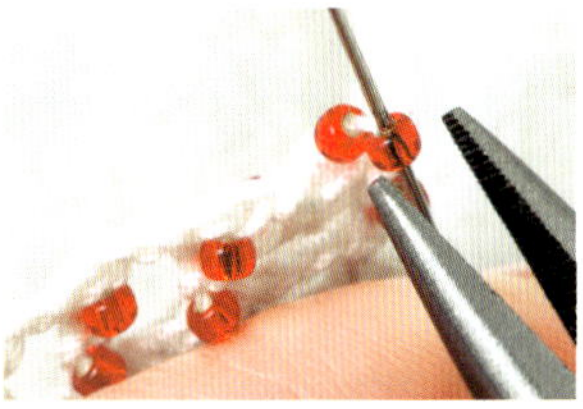

3 下面垫上棉纸，用钳子头夹住串珠，夹碎。注意不要夹住线和手指。

4 用棉纸处理好碎片。从反面拉动线，整理针目，修正完成。

串珠的钩入方法

在锁针中钩入 1 颗串珠的基本方法 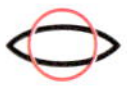

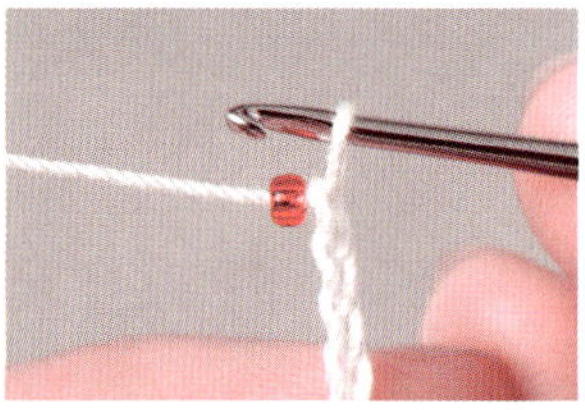

1 把串珠移到将钩织的针目的旁边。

2 从串珠的上方挂线，从线圈中引拔出。

3 织 1 针锁针钩入 1 颗串珠。串珠位于锁针的里山（参见 p.76）。

在短针中钩入 1 颗串珠的基本方法 

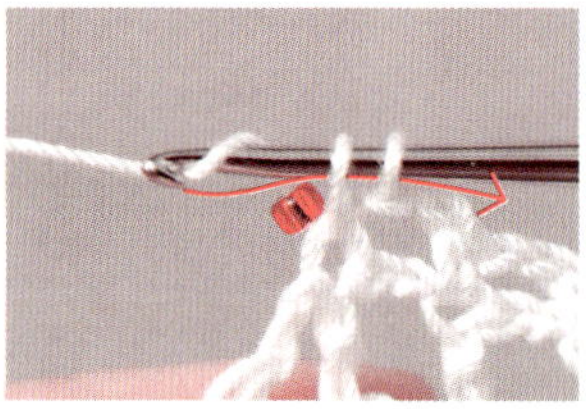

1 把钩针插入前一行的针目中挂线后引拔出。把串珠移动到针目旁边，在钩针上挂线，按照箭头方向一次性引拔出。

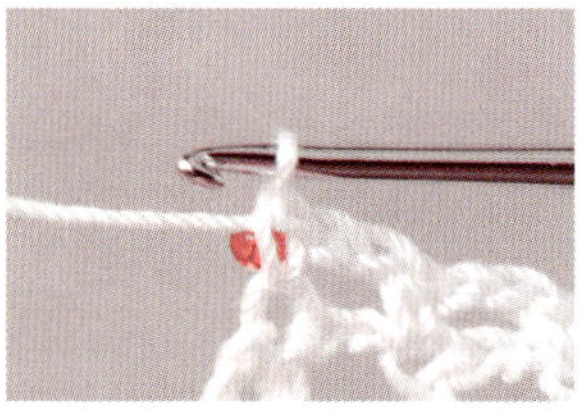

2 钩织短针时把串珠钩进去。串珠在反面。

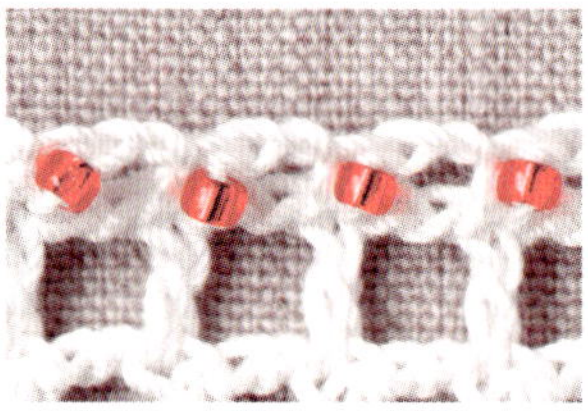

3 把串珠侧翻到正面，如图所示。

串珠环（用引拔针钩织） 

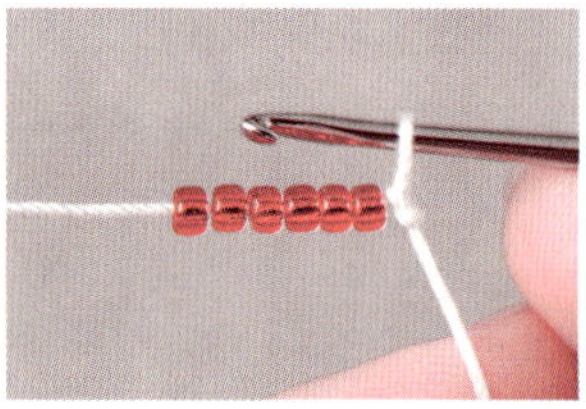

1 钩织基础针后，把 6 个串珠移动到针目的旁边。

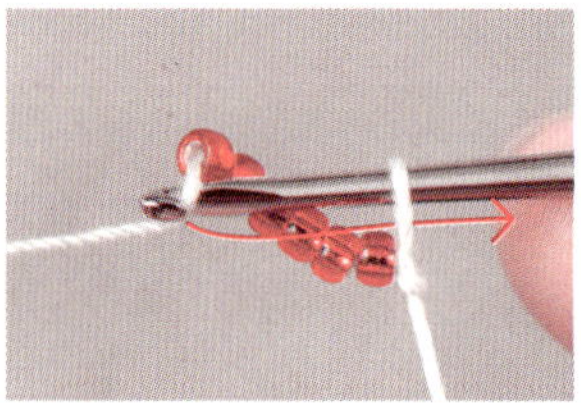

2 钩针从串珠的上方挂线，把线从线圈（基础针）引拔出。

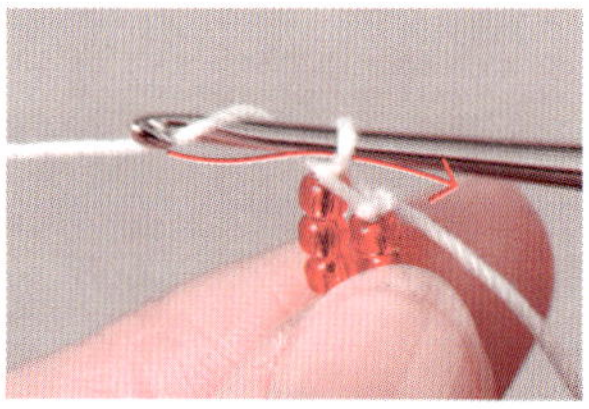

3 慢慢把线拉出，拉紧线使之缩成圆环。再次在钩针上挂线后引拔出。

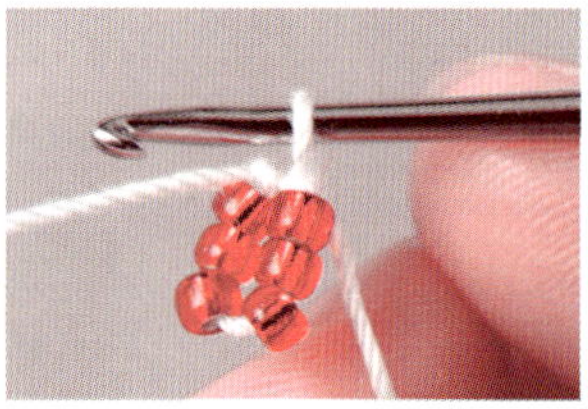

4 将步骤 3 中的圆环固定紧。

在短针中钩入 1 颗串珠的应用方法

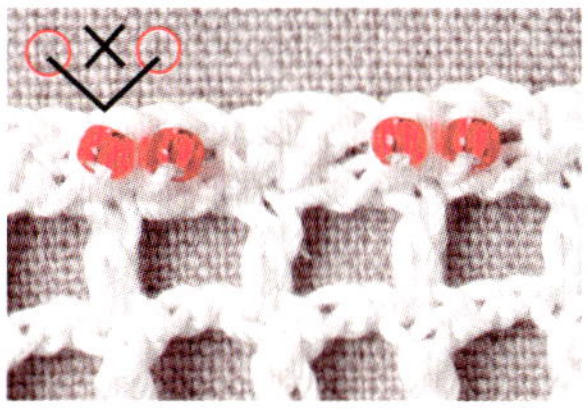

短针 1 针分 2 针的符号中，左右 2 针都有串珠符号，表示在两侧的针目中钩入串珠。图片是从反面看到的钩入串珠后的状态。

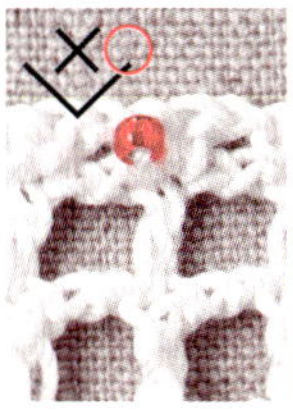

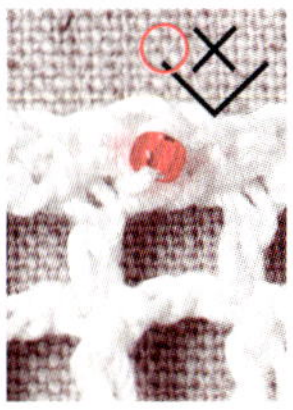

2 针短针仅右侧针目钩入串珠（左图）。
只在 2 针短针的左侧针目钩入串珠（右图）。
图片是从反面看到钩入串珠后的状态。

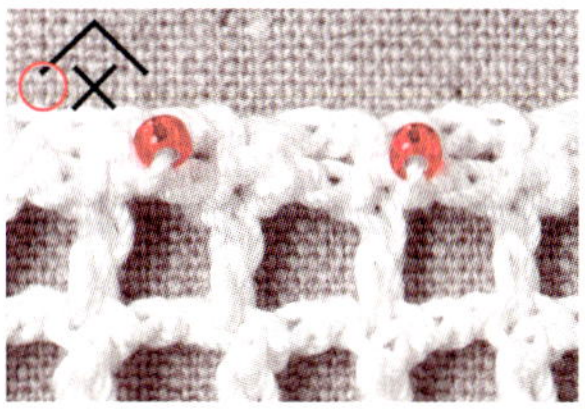

只把串珠钩入短针 2 针并 1 针的左侧针目中。串珠在右侧时，表示只在右侧的针目里钩入串珠。图片是从反面看到的钩入串珠后的状态。

1 针中重复钩入数颗串珠

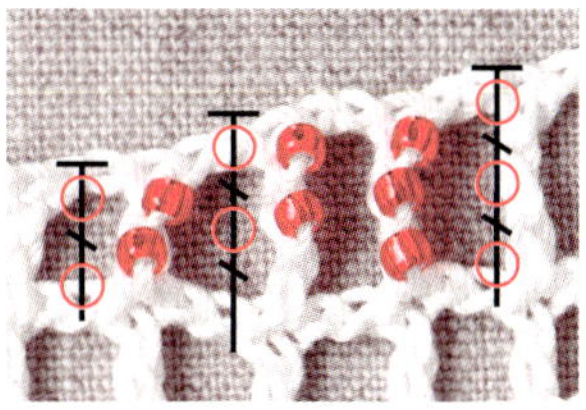

若在长针、长长针等 1 个针目中钩入数颗串珠，钩织时需注意串珠符号的位置。图片是从反面看到钩入串珠后的状态。

在长针的上方钩入 1 颗串珠

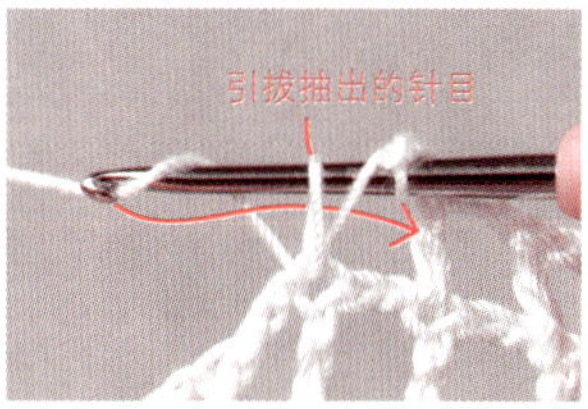

1 在钩针上挂线后将钩针插入下方的针目中，挂线后引拔出。再次在钩针上挂线，一次性引拔出。

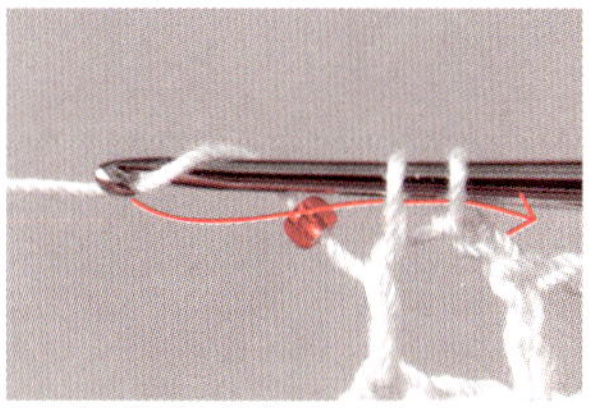

2 把串珠移动到针目的旁边。从串珠的上方挂线，一次性引拔穿过钩针上 2 个线圈。

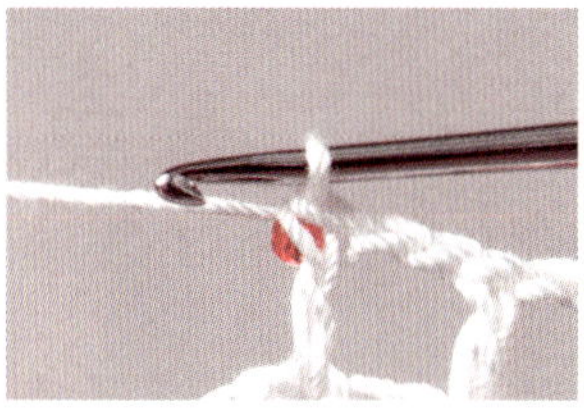

3 把串珠钩入上方完成长针。

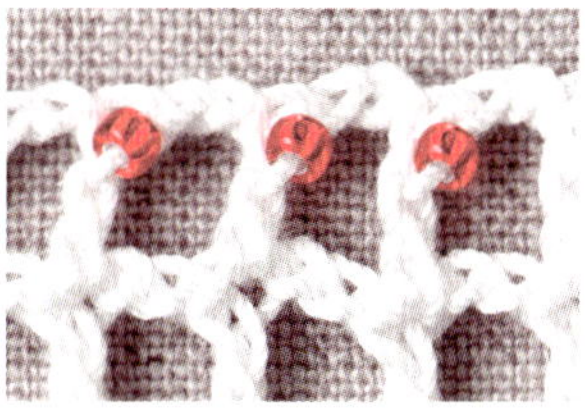

4 从反面看到长针的上方钩入 1 颗串珠的情况如图所示。串珠钩入长针上部的位置。

在长针的下方钩入 1 颗串珠

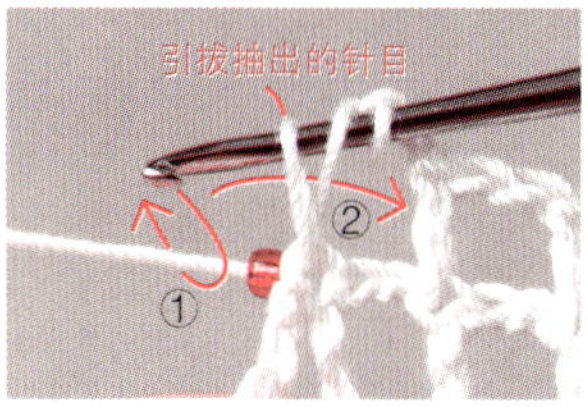

1 在钩针上挂线后把钩针插入前一行的针目中，挂线后引拔出。把串珠移动到针目的旁边。像箭头①那样挂线，按照箭头②所示引拔出。

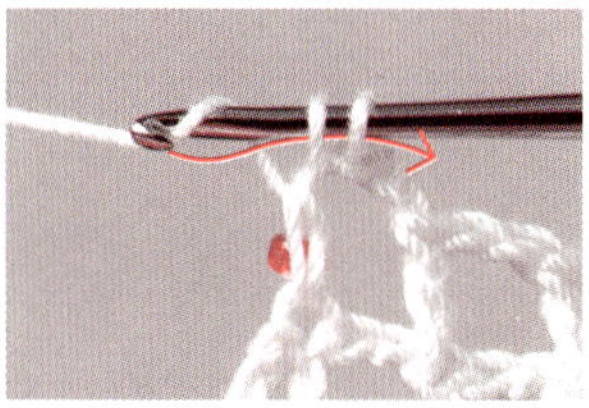

2 再次在钩针上挂线，按照箭头方向一次性引拔穿过钩针上 2 个线圈。

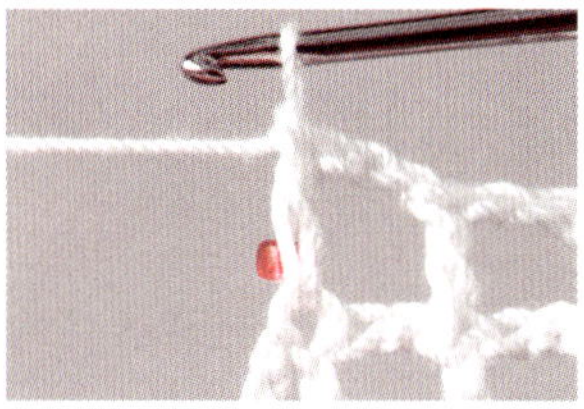

3 把串珠钩入下方完成长针。

4 从反面看到长针的下方钩入 1 颗串珠的情况如图所示。串珠钩入长针底部的位置。

本书中使用的线（图片是实物大小）

奥林巴斯线

a **金票 #40 蕾丝线**　蕾丝针 6~8 号，100% 棉，10 克线团…约 89m、32 色，50 克线团…约 445m、33 色，100 克线团…约 890m、1 色

b **EMMY GRANDE（金银丝线）**　蕾丝针 0 号 ~ 钩针 2/0 号，100% 棉，25 克线团…约 106m、8 色

c **EMMY GRANDE**　蕾丝针 0 号 ~ 钩针 2/0 号，100% 棉，50 克线团…约 218m、45 色，100 克线团…约 436m、3 色

EMMY GRANDE（HERBS）　蕾丝针 0 号 ~ 钩针 2/0 号，100% 棉，20 克线团…约 88m、18 色

EMMY GRANDE（COLORS）　蕾丝针 0 号 ~ 钩针 2/0 号，100% 棉，10 克线团…约 44m、26 色

d **EMMY GRANDE（碎白点花纹）**　蕾丝针 0 号 ~ 钩针 2/0 号，100% 棉，25 克线团…约 109m、5 色

DMC

e **COTTON PEARL 8 号**　蕾丝针 6 号 ~8 号，100% 棉，10 克线团…约 80m、223 色

f **25 号刺绣线**　蕾丝针 0 号，100% 棉，8m（6 根线捻合），465 色

和麻纳卡

g **TITI CROCHET**　钩针 2/0 号、3/0 号、100% 棉（埃及棉 GIZA），40 克线团…约 170m、26 色

h **PAUME（纯棉）蕾丝线**　蕾丝针 4 号，100% 棉（纯有机棉），25 克线团…约 209m、1 色

i **WASH COTTON（CROCHET）**　钩针 3/0 号，64% 棉、36% 合成纤维，25g 线团…约 104m、27 色

j **WASH COTTON（CROCHET）GRADATION**　钩针 3/0号，64%棉，36%合成纤维，25克线团…约104m、7色

k **FOUR PLY**　钩针 3/0 号，65% 聚丙烯纤维，35% 羊毛（美利奴），50 克线团…约 205m、24 色

l **和麻纳卡 纯毛中细**　钩针 3/0 号，100% 羊毛，40 克线团…约 160m、33 色

HOBBYRA HOBBYRE

m **SHINY FIL**　蕾丝针 2 号 ~ 钩针 2/0 号，75% 天然丝、25% 合成纤维，25 克线团…约 165m、2 色

n **CROCHET COTTON**　蕾丝针 2 号 ~ 钩针 2/0 号，100% 棉，25 克线团…约 200m、17 色

※ 因为是印刷品，所以颜色稍有色差。

※a~n 从左侧开始：线名→适合的针→材质→规格→线长→色数。

36

作品见p.29
要点提示见p.5

材料：和麻纳卡 WASH COTTON（CROCHET）GRADATION 粉色（207）9克，胭脂红色（205）3克，WASH COTTON（CROCHET）绿色（108）1克；橡皮筋1个
针：3/0号钩针
尺寸：参见图片

花　胭脂红色　2片

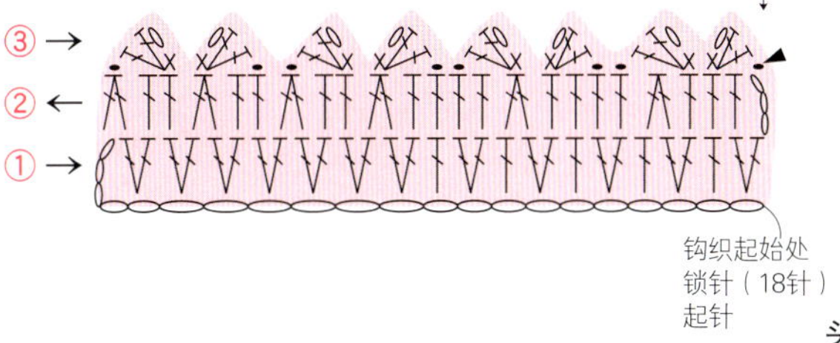

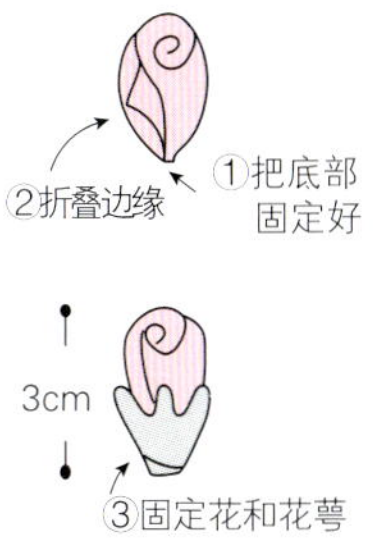

主体
粉色

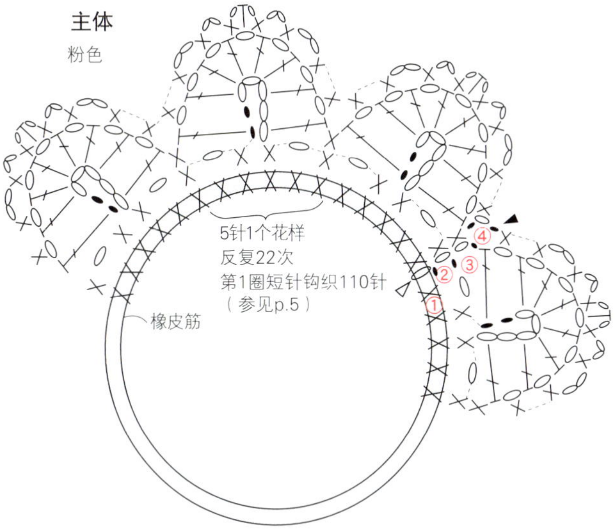

花萼　绿色　2片

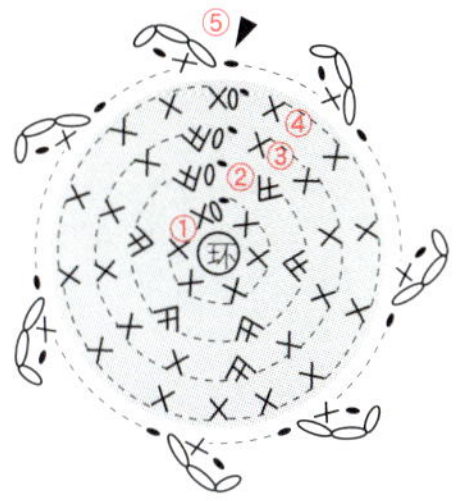

头花
固定花朵的位置

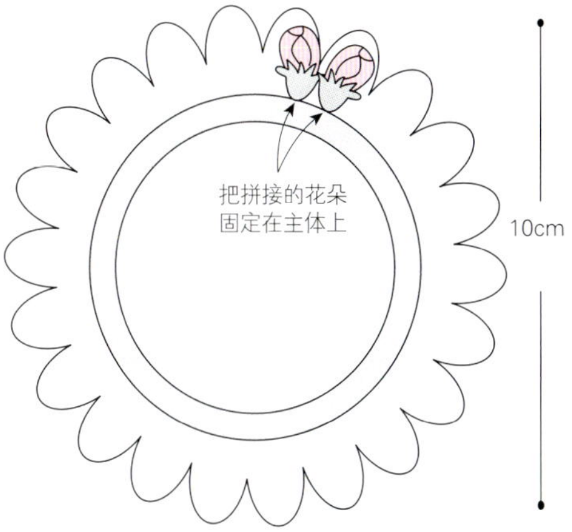

37

作品见p.29
要点提示见p.5

材料：和麻纳卡 WASH COTTON（CROCHET）绿色（108）9克，橙色（121）、胭脂红色（115）各3克；橡皮筋 1个
针：3/0号钩针
尺寸：参见图片

花　A橙色　3片
B胭脂红色　3片

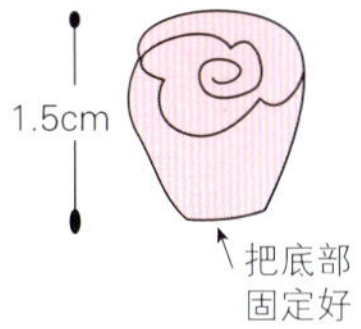

主体
绿色

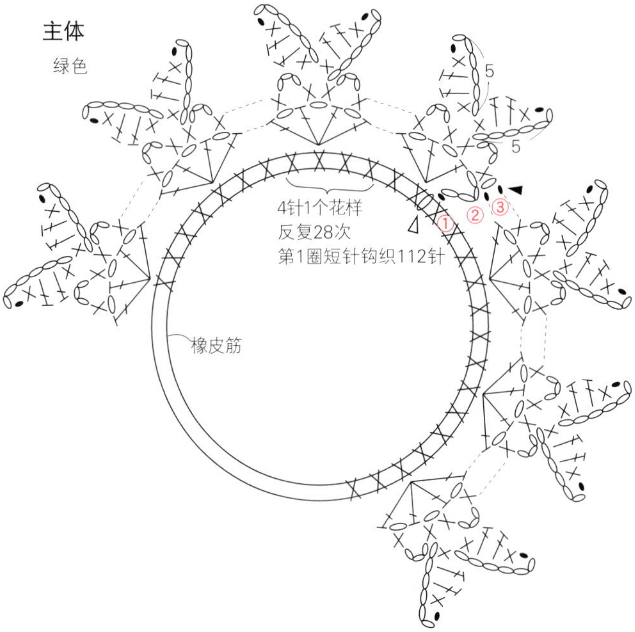

头花
固定花朵的位置

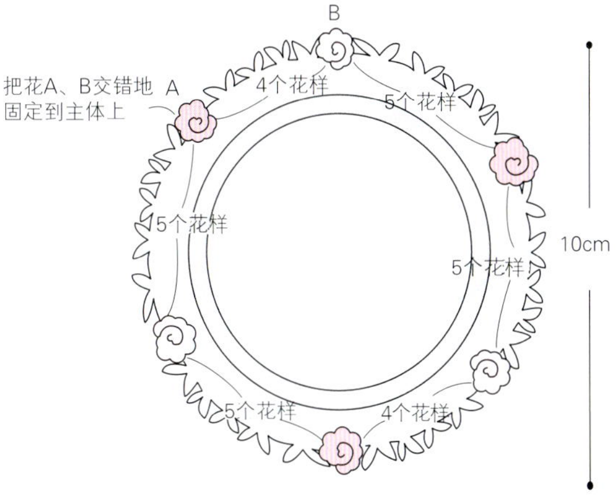

66

作品见p.49

材料：奥林巴斯 EMMY GRANDE 本白色（804）5克
针：0号蕾丝针
尺寸：直径10cm

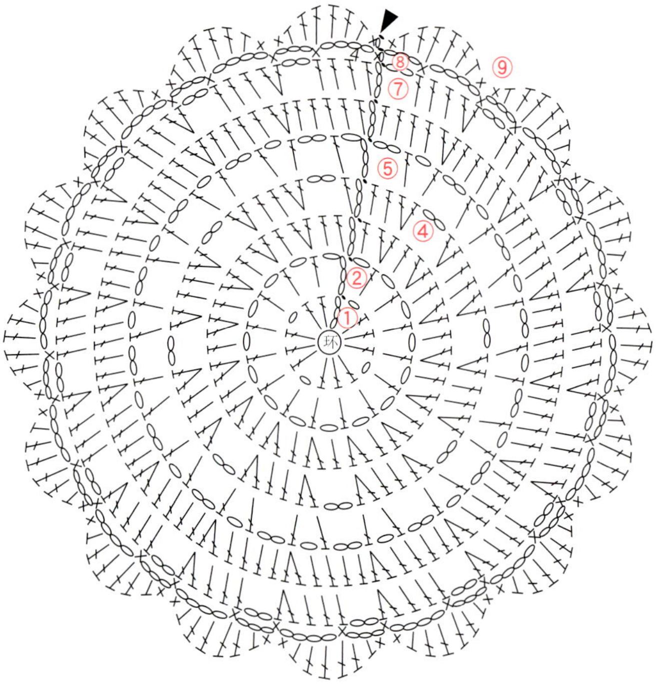

65

作品见p.49

材料：奥林巴斯 EMMY GRANDE 本白色（804）6克
针：0号蕾丝针
尺寸：直径10cm

第4行的钩织方法

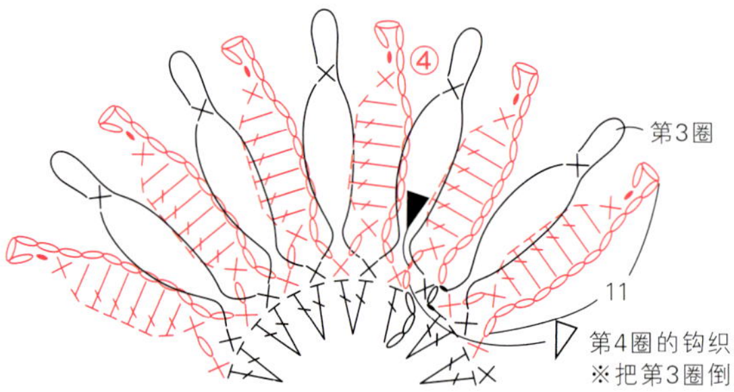

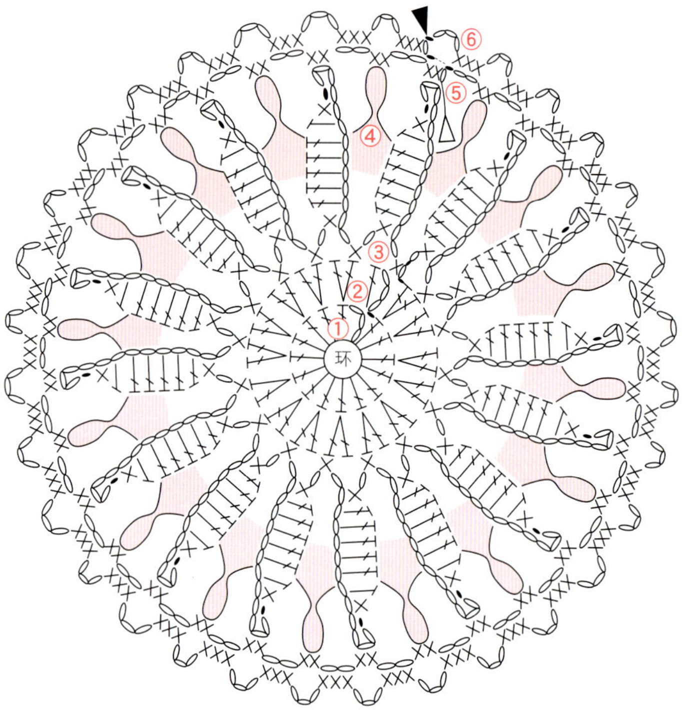

5

作品见p.12

●5a
材料：奥林巴斯 EMMY GRANDE 黄色（521）3克、藏青色（357）1克，EMMY GRANDE（HERBS）黄绿色（273）1克；0.6cm宽的本白色缎带 15cm
针：0号蕾丝针
尺寸：参见图片

●5b
材料：奥林巴斯 EMMY GRANDE 淡紫色（623）3克、深紫色（676）1克、黄色（521）少许，EMMY GRANDE（HERBS）黄绿色（273）1克；0.6cm宽的本白色缎带 15cm
针：0号蕾丝针
尺寸：参见图片

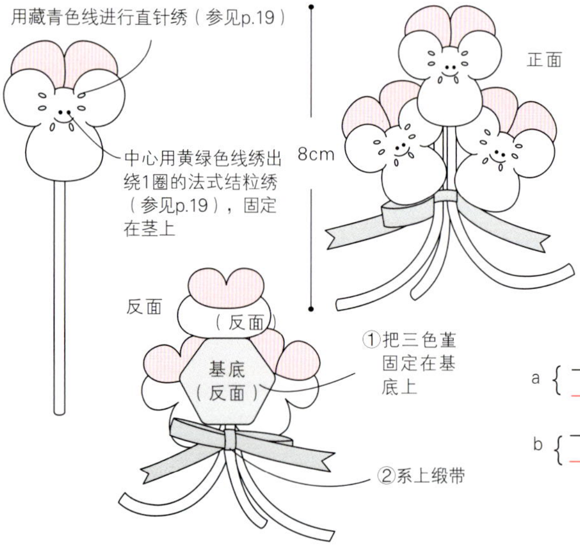

花 3片

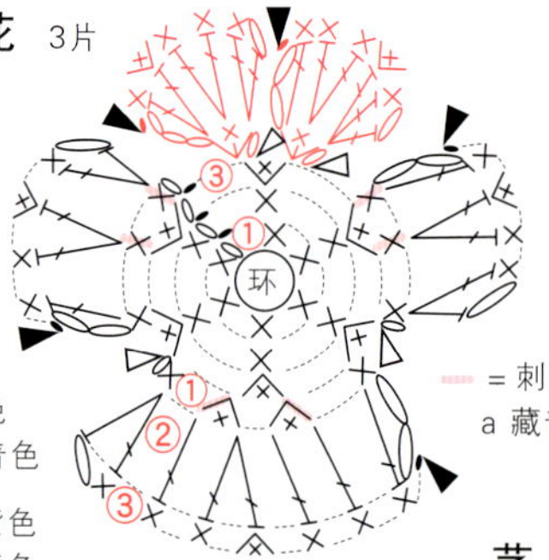

a { —— = 黄色 / —— = 藏青色

b { —— = 淡紫色 / —— = 深紫色

基底 1片
a 黄色
b 淡紫色

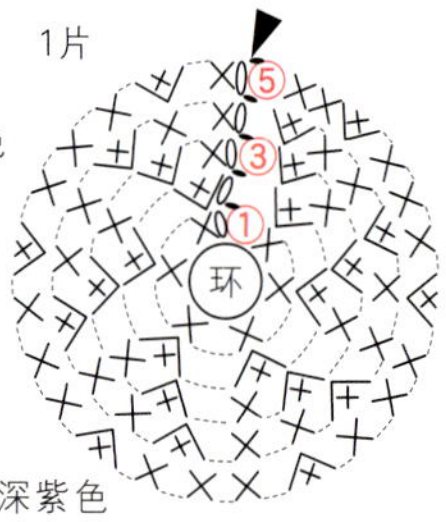

▬ = 刺绣位置
a 藏青色 b 深紫色

茎 3根 黄绿色

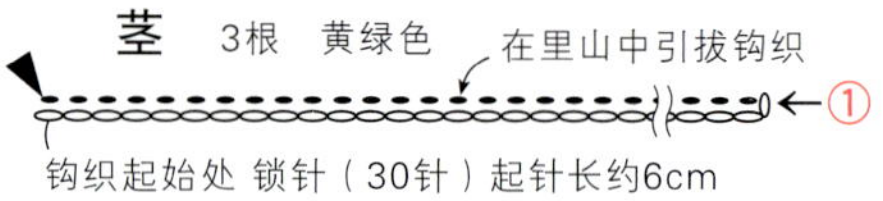

89

作品见p.61

材料：奥林巴斯 EMMY GRANDE（金银丝线）本白色（L804）1克，EMMY GRANDE（HERBS）红色（190）1克
针：0号蕾丝针
尺寸：参见图片

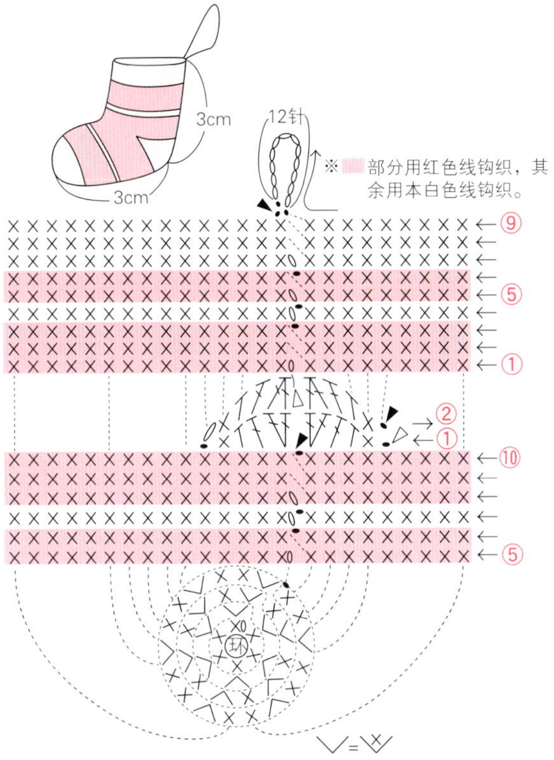

※环形钩织，更换颜色时钩织立起的锁针。

94

作品见p.64、p.65

●94a
材料：奥林巴斯 金票#40 红色（192）1克
串珠：3孔串珠（10/0）白色（402）88颗
针：4号蕾丝针
尺寸：参见图片

●94b
材料：奥林巴斯 金票#40 白色（801）1克
串珠：3孔串珠（10/0）金色（182）88颗
针：4号蕾丝针
尺寸：参见图片

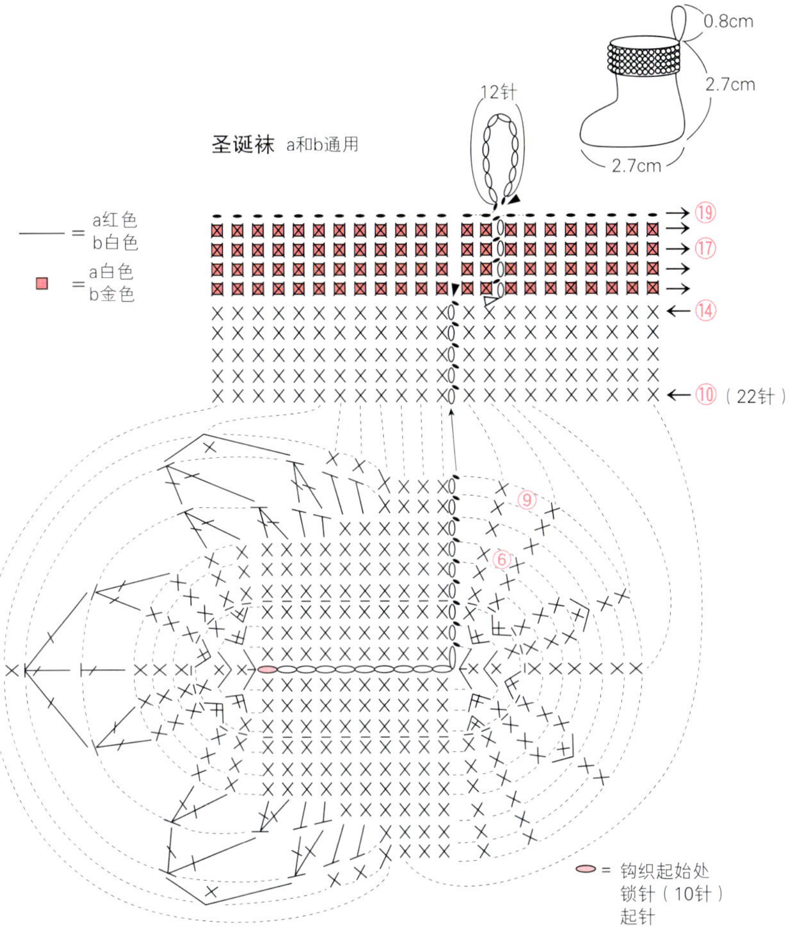

84

作品见p.60

材料：奥林巴斯 EMMY GRANDE 本白色（804）2克，EMMY GRANDE（HERBS）红色（190）1克，EMMY GRANDE（COLORS）绿色（265）1克；填充棉 少许，直径0.6cm的珍珠串珠 1颗，橙色的毛毡 少许
针：0号蕾丝针
尺寸：参见图片

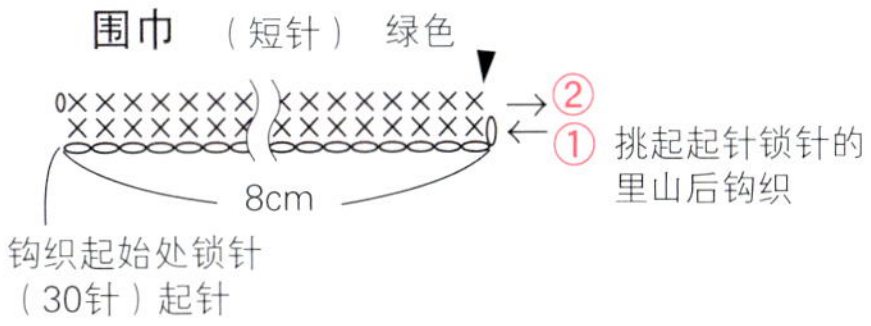

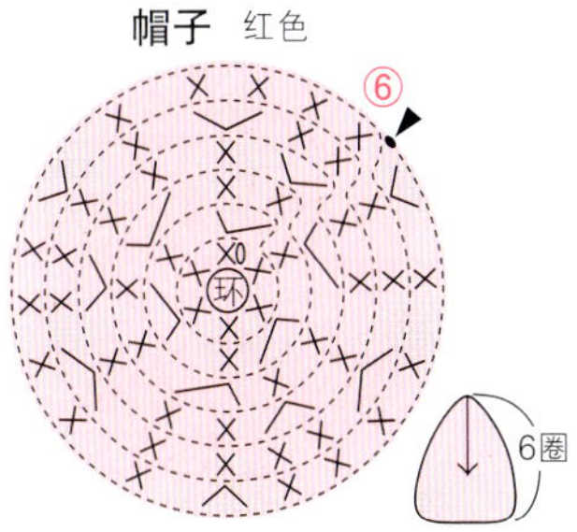

※身体、头和帽子都环形钩织。

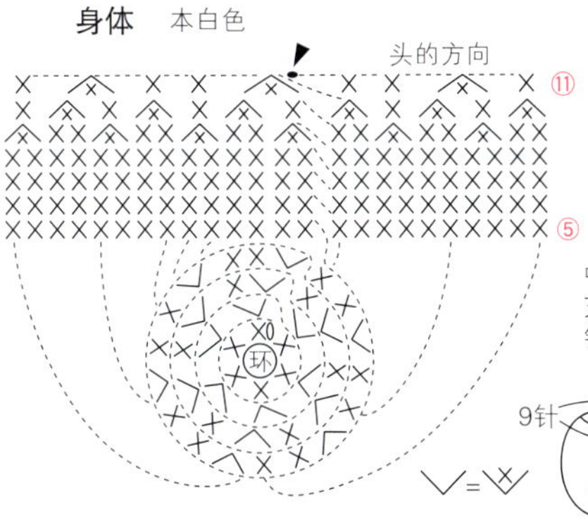

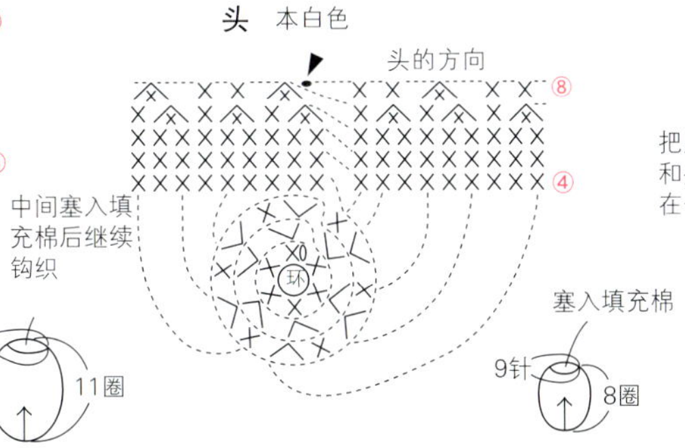

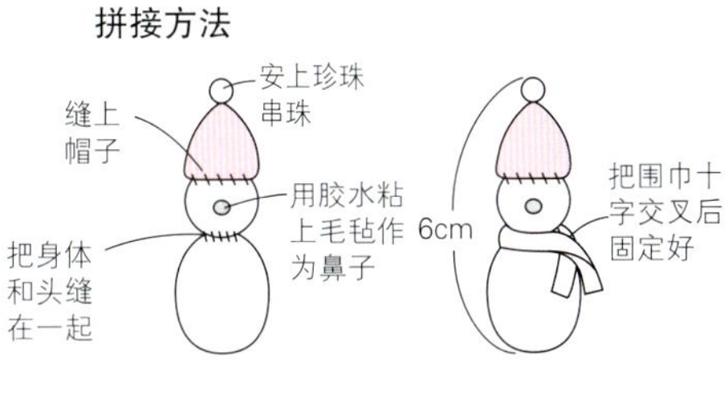

钩针编织的基础

* 看符号图的方法

符号图都是以从正面所见来表示的，且全部使用日本工业规格（JIS）所规定的针法符号。
钩针编织不分上针、下针（拉针除外）。要交替看着正、反两面进行平针钩织时也用相同的符号表示。

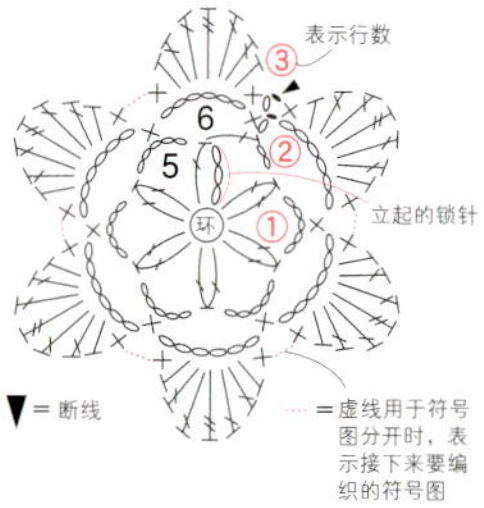

从中心开始环形钩织时

在中心钩织一个环（或者锁针环），要像画圆一样逐圈钩织。每行的起针处都是先钩织立起的锁针，再往下钩织。一般都是看着织片的正面，再对照符号图从右往左钩织。

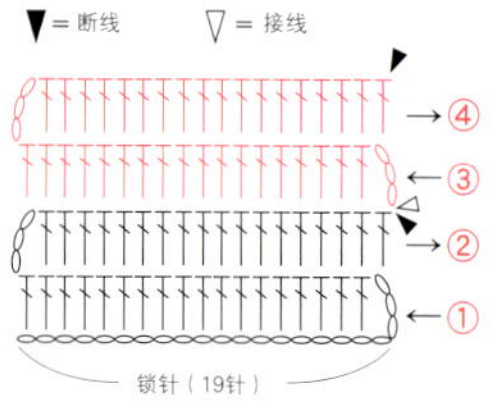

平针钩织时

其特点是左右轮流钩织立起的锁针。当在右侧钩织立起的锁针时，要看着织片的正面，对照符号图从右往左钩织。当在左侧钩织立起的锁针时，要看着织片的反面，对照符号图从左往右钩织。左图为从第3行换成配色线的符号图。

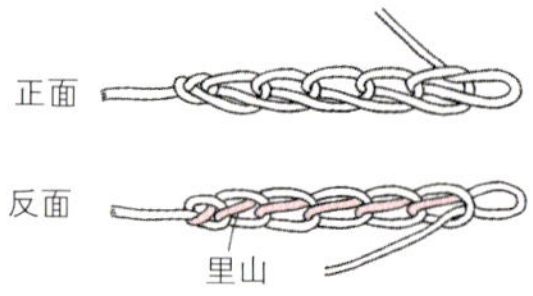

看锁针的方法

锁针有正、反面之分。反面正中的一根渡线称为锁针的“里山”。

* 手握针线的方法

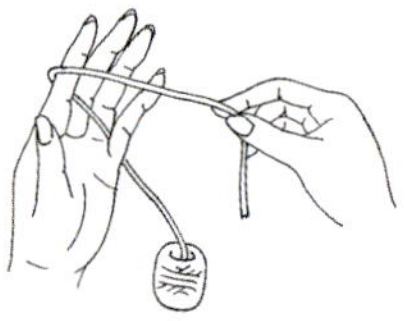

1

从左手的小指与无名指之间穿过线后，挂在食指上拉住线头。

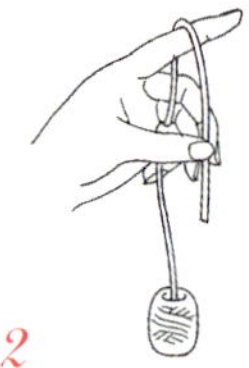

2

用拇指与中指捏住线头，竖起食指将线架起。

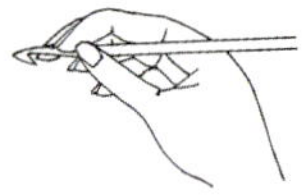

3

用右手的拇指与食指握针，针头轻抵中指。

* 起基础针的方法

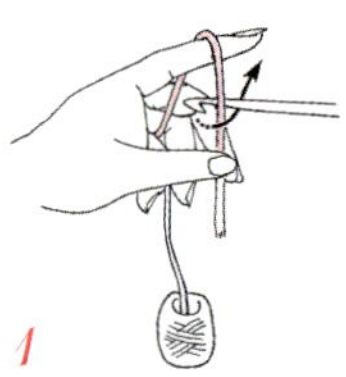

1

从线的内侧插入钩针，按照箭头所示方向转动钩针。

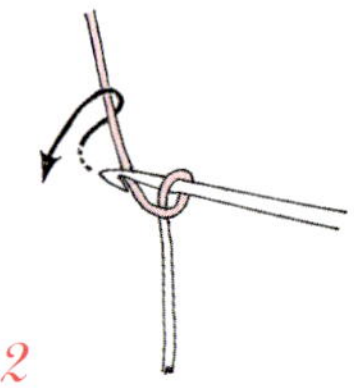

2

再将线挂在钩针上。

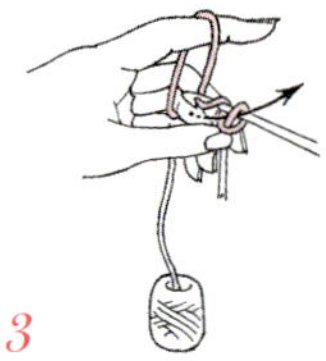

3

将挂线从钩针上的线圈中引出。

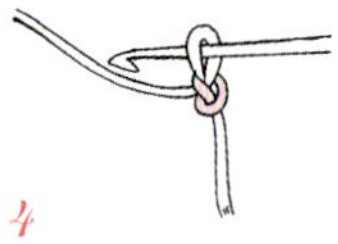

4

拉动线头，收紧线圈，就完成了基本针（这一针不计入针数）。

* 起针

从中心开始环形钩织时（用线头做圆环）

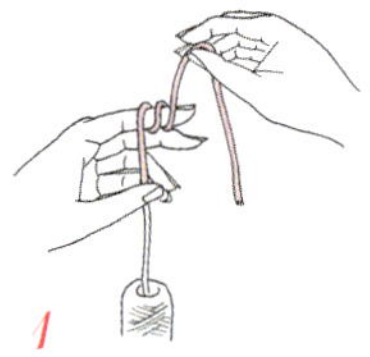

1

将线在左手的食指上绕2圈形成环。

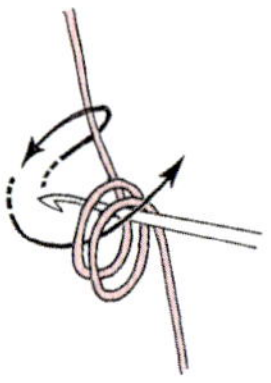

2

将环从手指上脱出，在环中心插入钩针，挂线后引出。

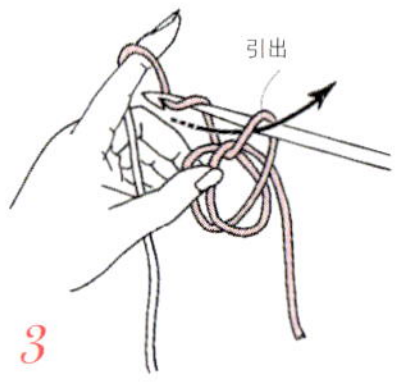

3

再次挂线后引出，钩织1针立起的锁针。

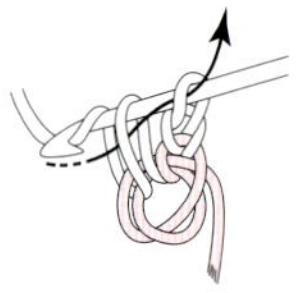

4

钩织第1行时，在环中心插入钩针，挂线后引出，然后钩织所需针数的短针。

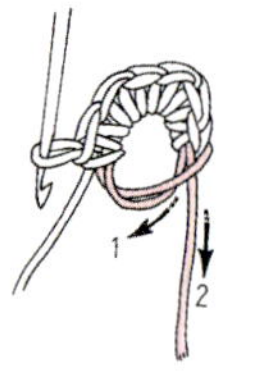

5

暂时将钩针抽出，拉动最开始的线环的线（1）和线头（2），将环拉紧。

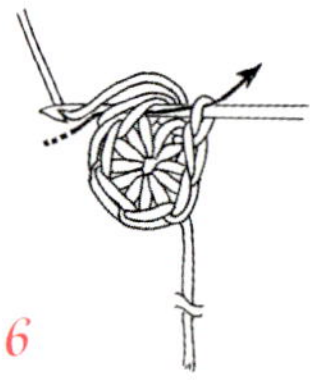

6

第1行要完成时，在最开始的短针的头针处入针，挂线后引出。

从中心开始环形钩织时（用锁针做圆环）

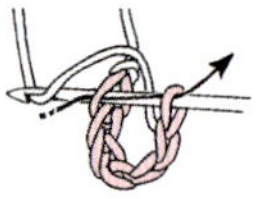

1

钩织所需针数的锁针，从最开始的锁针的半针中入针，挂线后引出，形成圆环。

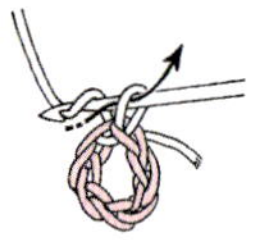

2

在钩针上挂线后再引出，钩织立起的锁针。

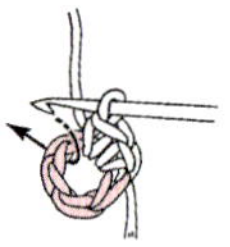

3

钩织第1圈时，将钩针插入圆环中，将锁针成束挑起，钩织所需针数的短针。

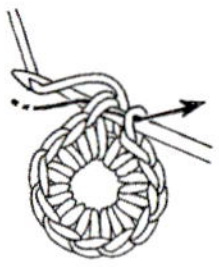

4

第1圈要完成时，在最开始的短针的头针处入针，挂线后引出即可。

平针钩织时

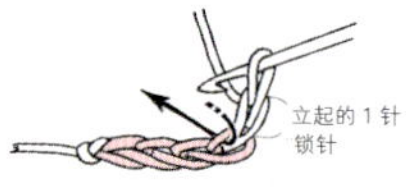

1

钩织所需针数的锁针和立起的锁针，如图从一端的第2针锁针处入针，挂线后引出。

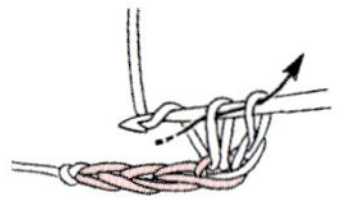

2

在钩针上挂线，按照箭头所示方向引拔出。

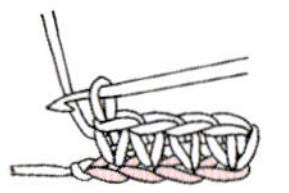

3

第1行完成的状态（立起的1针锁针不计入针数）。

* 挑前一行针目的方法

即使是同一种枣形针，符号图不同，挑针的方法也会不同。如果符号图下方是闭合的，则要织入前一行的1个针目里；如果符号图下方是开放的，则要将前一行的锁针成束挑起再钩织。

织入1个针目里

1

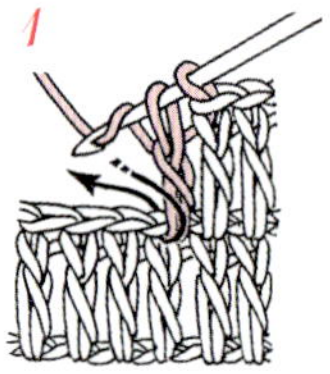

2

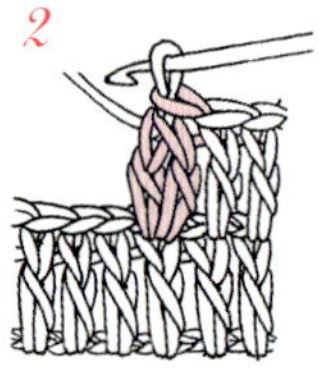

将锁针成束挑起再钩织

1

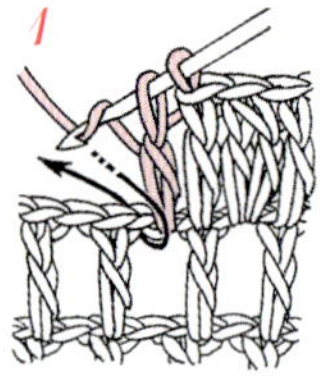

2

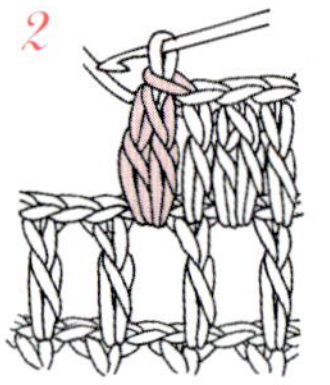

＊钩织符号

锁针

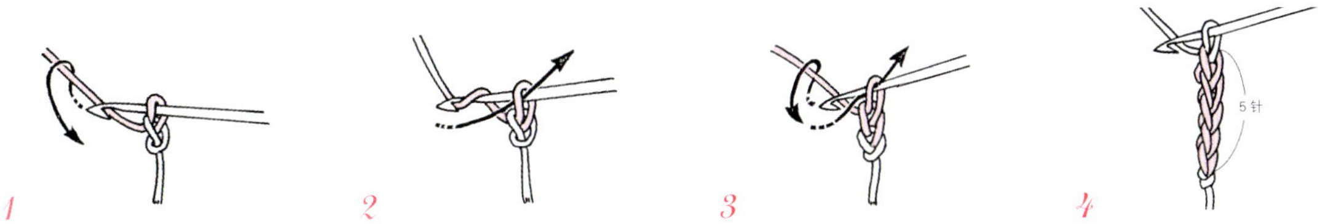

1 钩织基本针后，在钩针上挂线。

2 引出挂线，完成 1 针锁针。

3 重复步骤 1 和步骤 2，继续钩织。

4 完成 5 针锁针。

引拔针

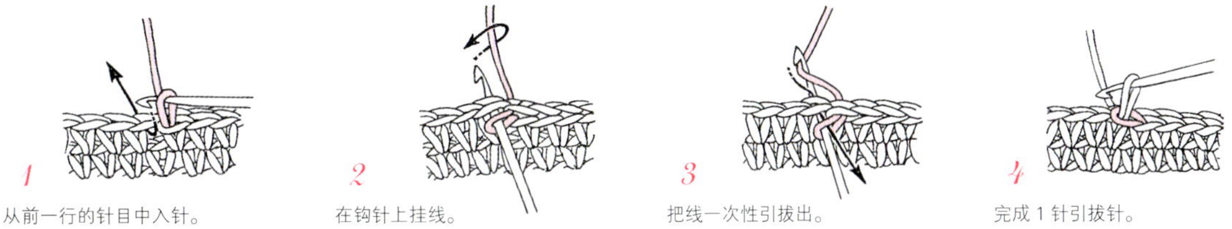

1 从前一行的针目中入针。

2 在钩针上挂线。

3 把线一次性引拔出。

4 完成 1 针引拔针。

短针

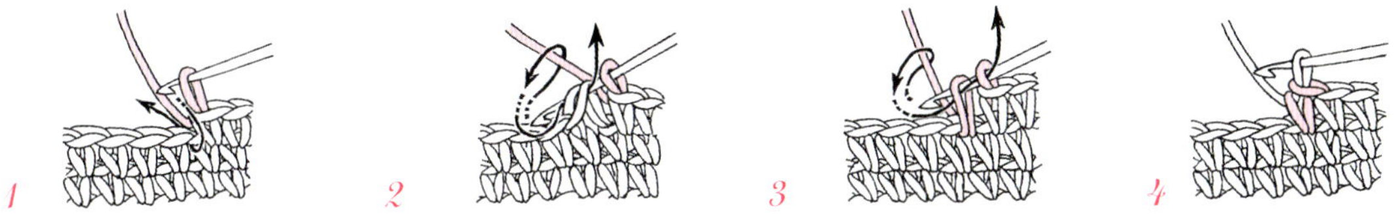

1 从前一行的针目中入针。

2 在钩针上挂线，按照箭头所示从线圈中引拔出。

3 再次在钩针上挂线，从钩针上 2 个线圈中一起引拔出。

4 完成 1 针短针。

中长针

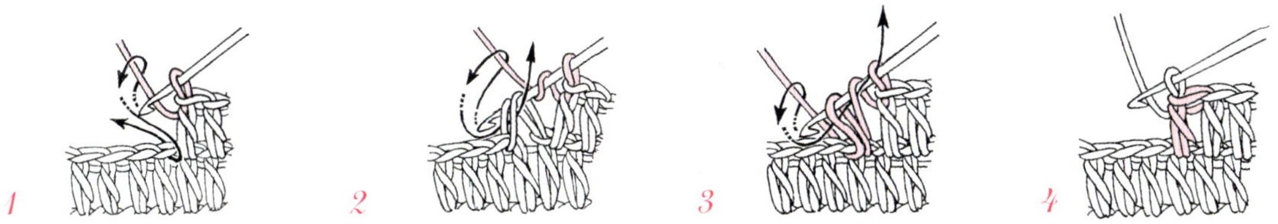

1 先在钩针上挂线，再从前一行的针目中入针。

2 再次在针上挂线后引出（称为未完成的中长针）。

3 再次挂线，从钩针上 3 个线圈中一起引拔出。

4 完成 1 针中长针。

长针

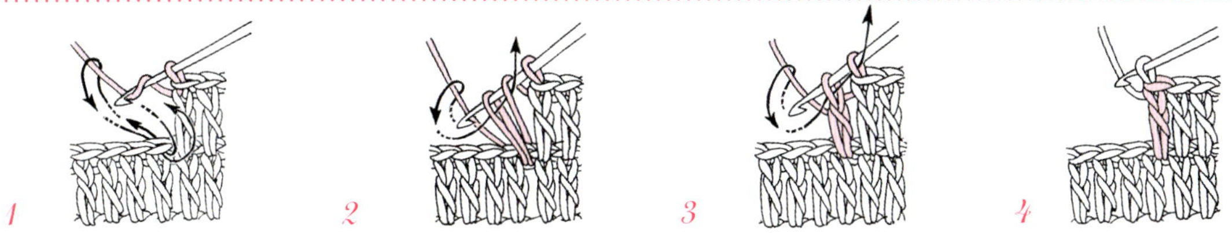

1 先在钩针上挂线，然后从前一行的针目中入针，再次挂线后引出。

2 按照箭头所示在钩针上挂线后，仅从钩针上 2 个线圈中引拔出（称为未完成的长针）。

3 再次在钩针上挂线后，从钩针上剩余的 2 个线圈中引拔出。

4 完成 1 针长针。

长长针

3 卷长针

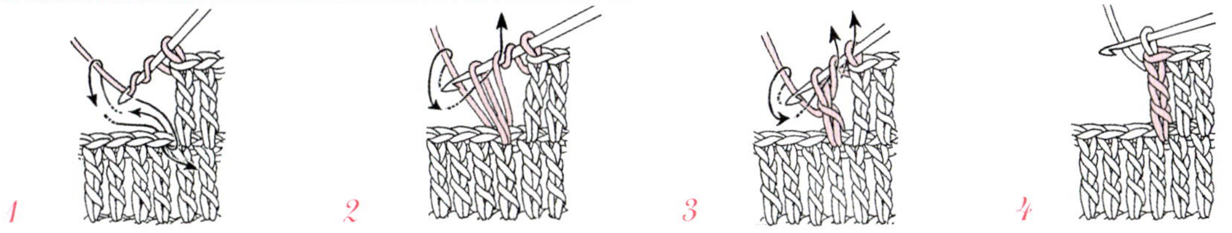

1 在钩针上绕线2 圈（3卷长针时绕线3圈），从前一行的针目中入针，挂线后引出。

2 按照箭头所示在钩针上挂线，仅从钩针上 2 个线圈中引拔出。

3 步骤2重复2次（3卷长针时重复3次）。

4 完成 1 针长长针（3 卷长针）。

长针 2 针并 1 针

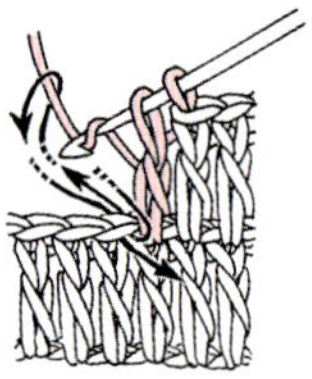

1

在前一行的 1 针里钩织 1 针未完成的长针，挂线后按照箭头所示在下一个针目中入针，再次挂线后引出。

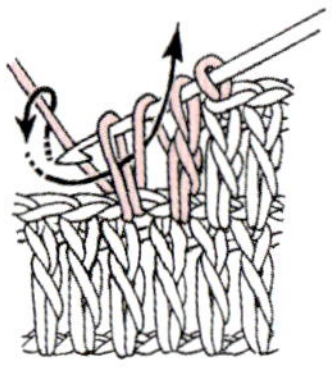

2

在钩针上挂线，仅从钩针上 2 个线圈中引拔出，钩织第 2 针未完成的长针。

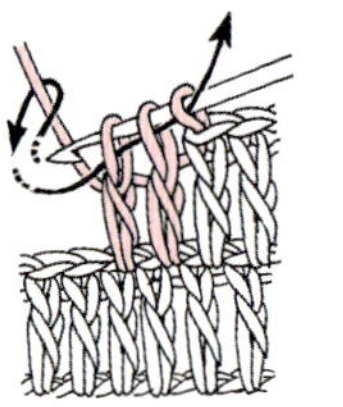

3

在钩针上挂线，按照箭头所示从钩针上 3 个线圈中一起引拔出。

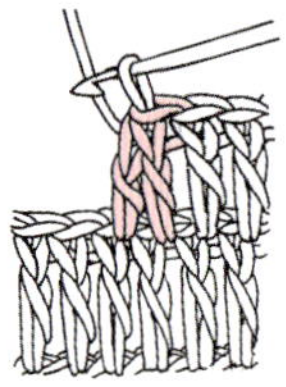

4

长针2 针并1 针完成。图为比前一行少1 针的状态。

长针1针分2针

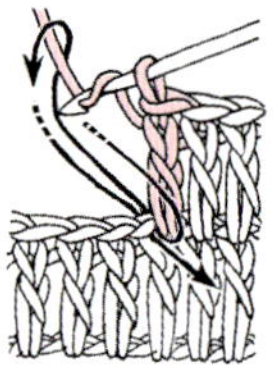

1

在前一行的针目里钩织 1 针长针，挂线后将钩针插入同一针目中，再次挂线后引出。

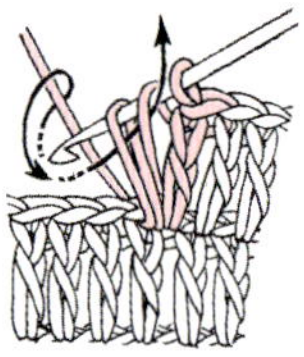

2

在钩针上挂线，从钩针上 2 个线圈中引拔出。

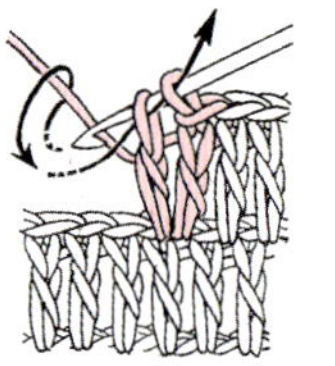

3

再次在钩针上挂线，从钩针上剩余的 2 个线圈中引拔出。

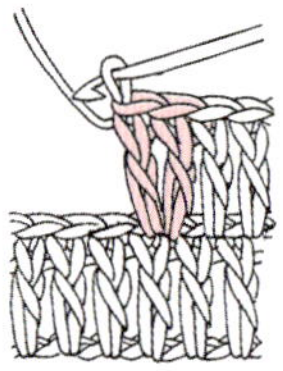

4

在1 针里织入了2 针长针。图为比前一行多1 针的状态。

短针2针并1针

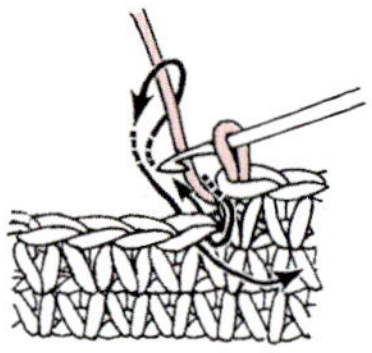

1

按照箭头所示从前一行的针目中入针，在钩针上挂线后引出。

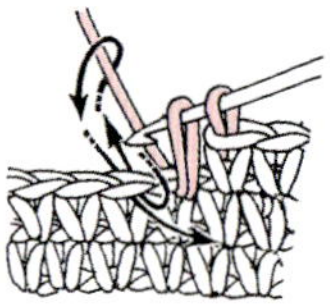

2

下一针也按照相同方法挂线后引出。

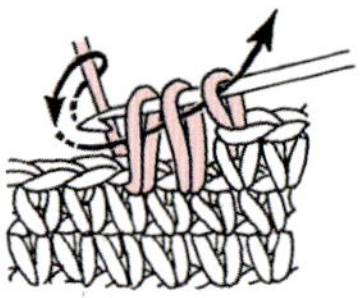

3

在钩针上挂线，按照箭头所示从钩针上 3 个线圈中一起引拔出。

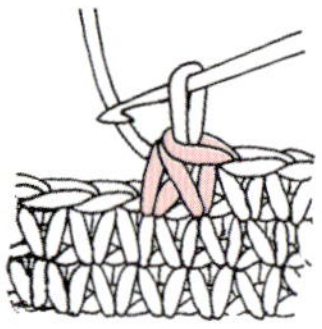

4

短针2 针并1 针完成。图为比前一行少1 针的状态。

短针1针分2针

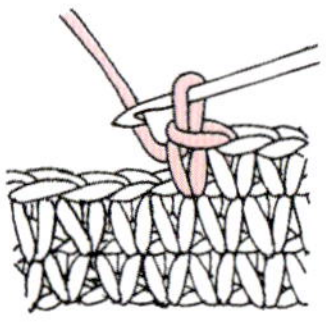

1

钩织 1 针短针。

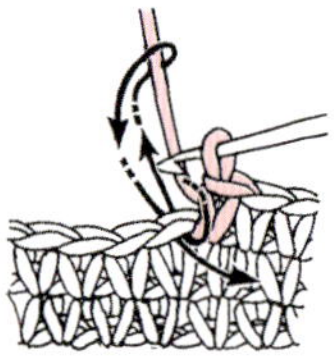

2

在同一针目中再次入针，挂线后引出。

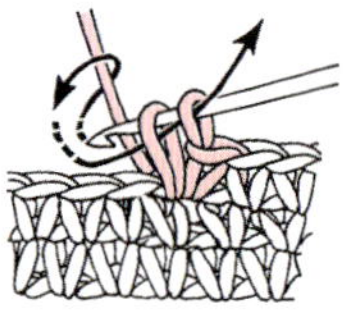

3

在钩针上挂线，从钩针上 2 个线圈中一起引拔出。

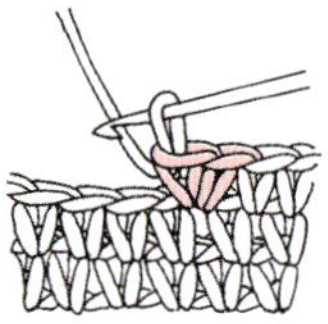

4

在前一行的1 针里织入了2 针短针。图为比前一行多1 针的状态。

短针1针分3针

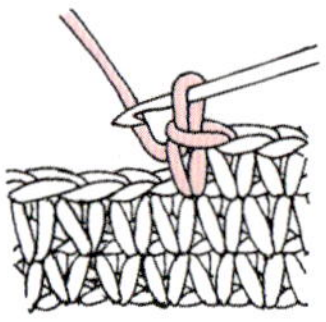

1

钩织 1 针短针。

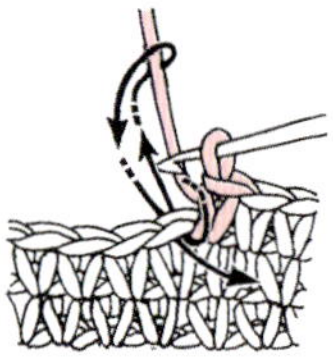

2

在同一针目中再次入针，挂线后引出，钩织短针。

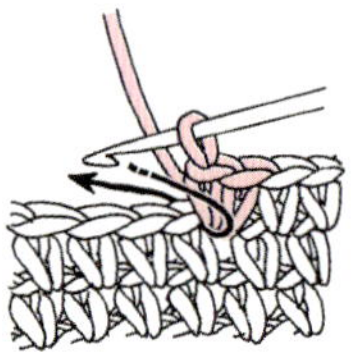

3

在同一针目里再钩织 1 针短针。

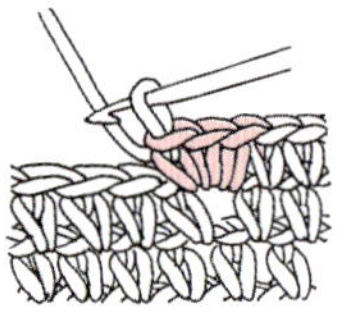

4

在前一行的1 针里织入了3 针短针。图为比前一行多2 针的状态。

锁针3针的狗牙拉针

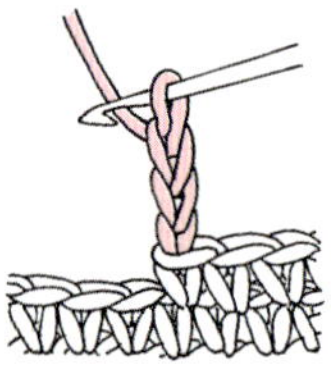

1

钩织 3 针锁针。

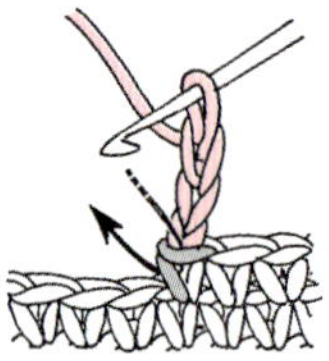

2

在短针头针的半针和尾针 1 根线中入针。

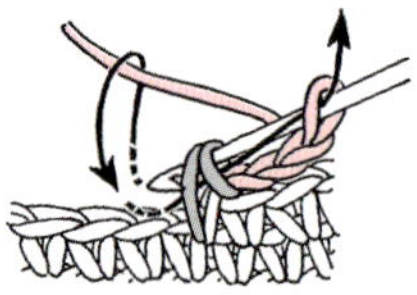

3

在钩针上挂线，按照箭头所示一次性引拔出。

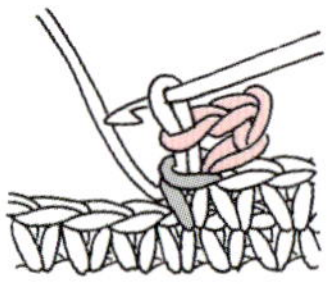

4

完成锁针 3 针的狗牙拉针。

长针 3 针的枣形针

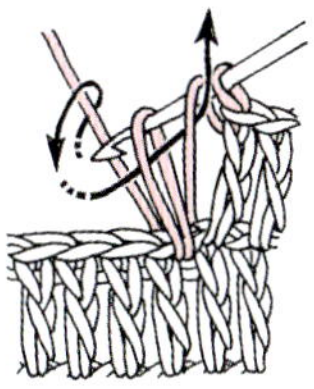

1 在前一行的针目里钩织 1 针未完成的长针。

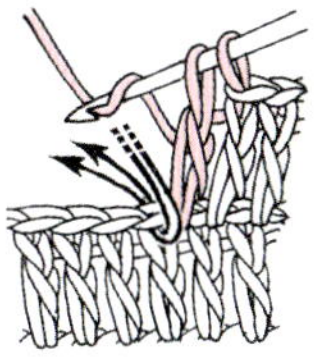

2 在同一针目中入针，继续钩织 2 针未完成的长针。

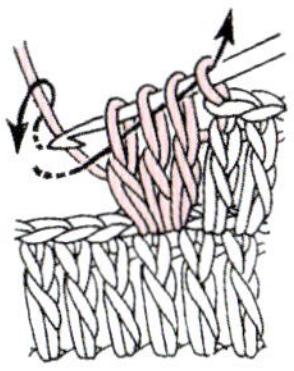

3 在钩针上挂线，从钩针上 4 个线圈中一起引拔出。

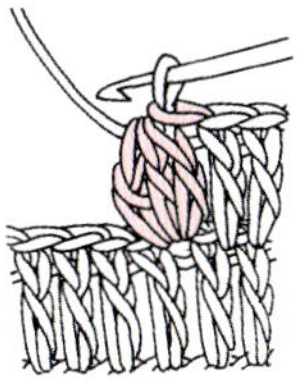

4 完成长针 3 针的枣形针。

长针 5 针的爆米花针

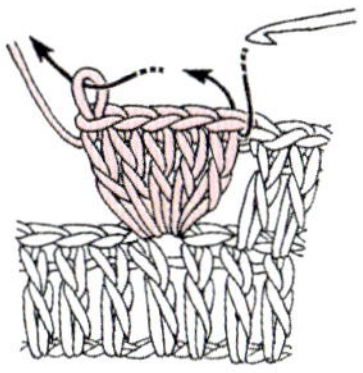

1 在前一行的同一个针目里钩织入 5 针长针，暂时脱针，再按照箭头所示重新入针。

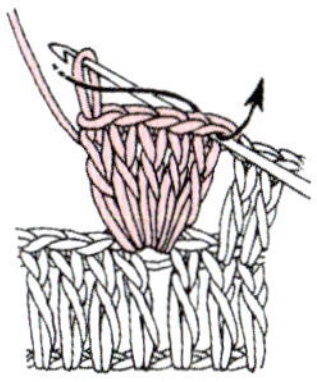

2 按照箭头所示直接引拔出。

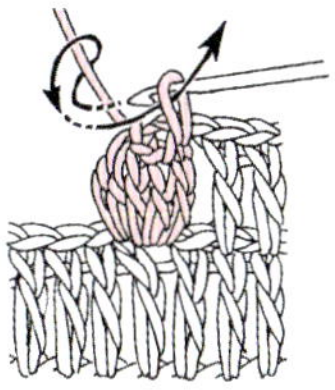

3 再钩织 1 针锁针，引拔拉紧线。

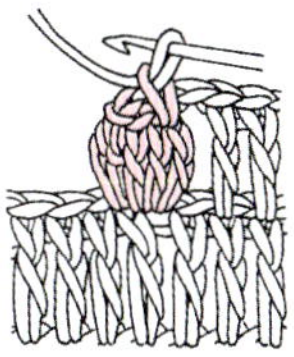

4 完成长针 5 针的爆米花针。

变化的中长针 3 针的枣形针

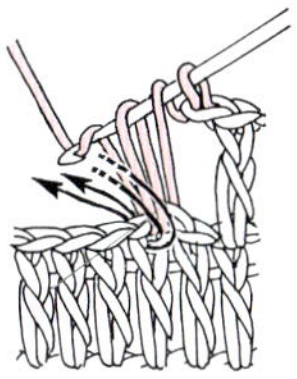

1 在前一行的针目里入针，钩织 3 针未完成的中长针。

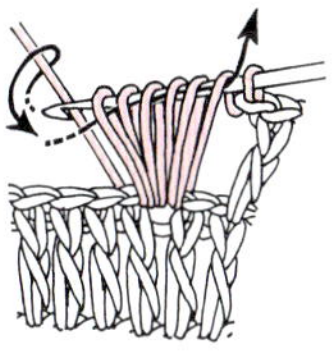

2 在钩针上挂线，按照箭头所示从钩针上 6 个线圈中引拔出。

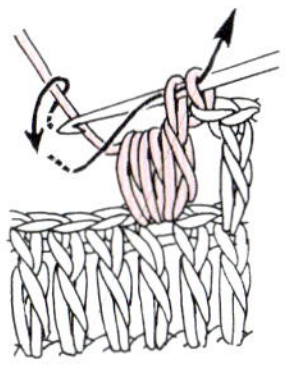

3 再次在钩针上挂线，从钩针上剩余的 2 个线圈中一起引拔出。

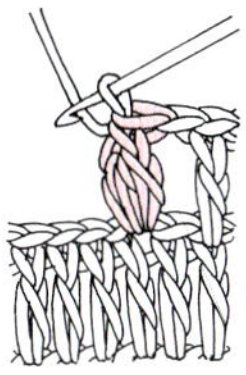

4 完成变化的中长针 3 针的枣形针。

短针的条纹针

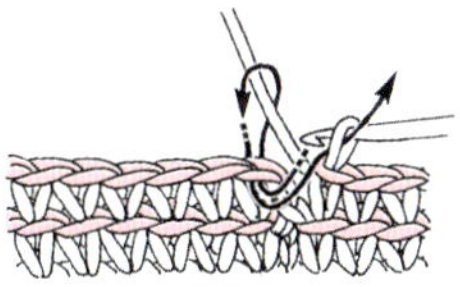

1 看着每行的正面钩织。按照箭头所示方向绕转一圈后钩织短针，从钩针上最开始的针目中引拔出。

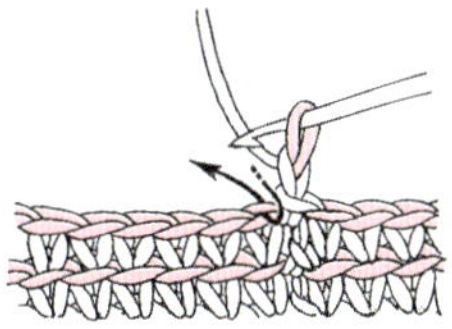

2 钩织 1 针立起的锁针，将前一行外侧的半针挑起，钩织短针。

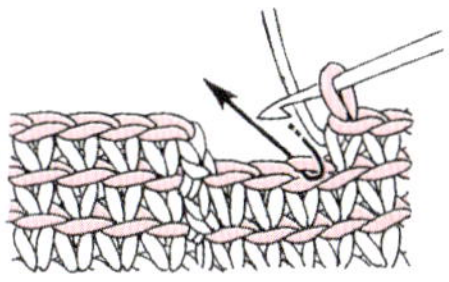

3 重复步骤 2，继续钩织短针。

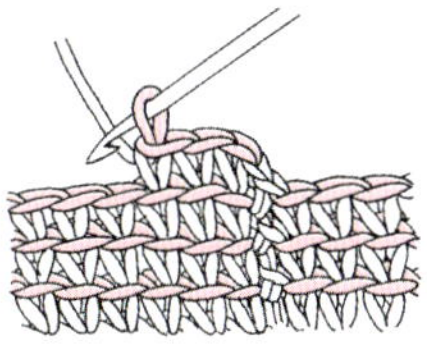

4 前一行剩下的内侧的半针连在一起形成了条纹的样子。图为钩织第 3 行短针的条纹针的状态。

短针的菱形针

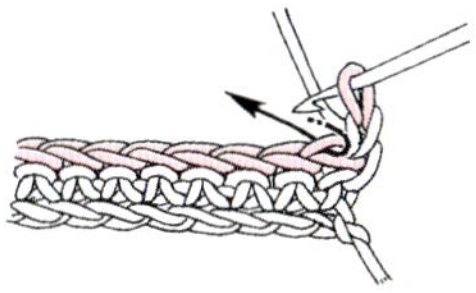

1 按照箭头所示从前一行针目外侧的半针中入针。

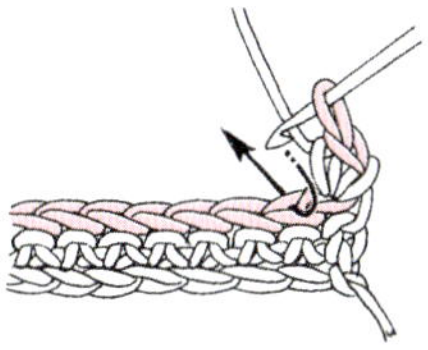

2 钩织短针，下一针也同样从外侧的半针中入针。

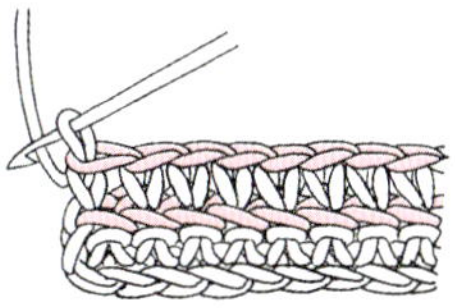

3 钩织完一行，要变换织片方向。

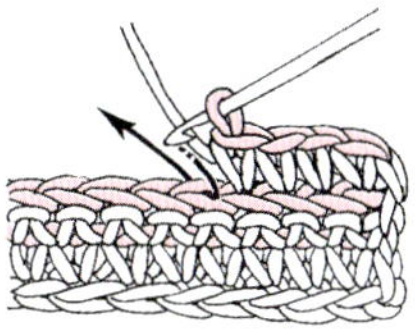

4 重复步骤 1 和步骤 2，从外侧的半针中入针钩织短针。

短针的反拉针

※ 往返钩织看着反面钩织时，钩织正拉针。

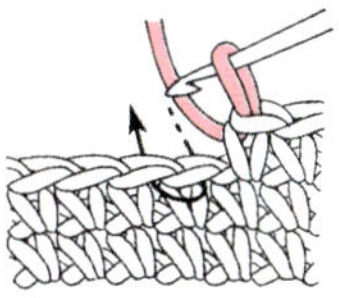

1 按照箭头方向，从前一行短针的尾针后侧入针。

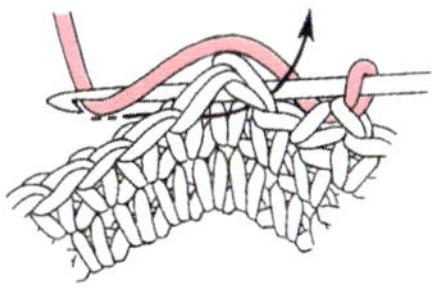

2 在钩针上挂线，按照箭头方向向拉到织片的另一面后，引拔出。

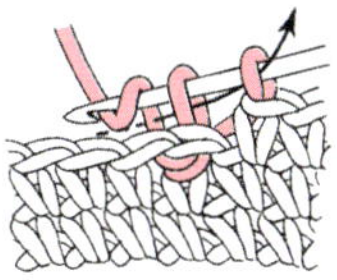

3 将线稍微拉长，再次在钩针上挂线，从钩针上 2 个线圈中一起引拔出。

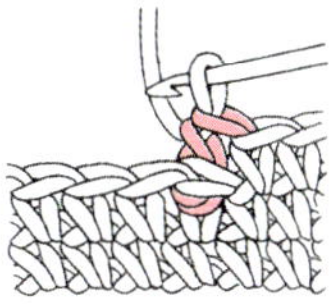

4 完成 1 针短针的反拉针。

松本薰

日本编织、手工艺杂物设计师。毕业于日本女子美术大学产业设计专业，并取得了宝库学园手编指导员资格。曾在日本四季剧团担任美术工作人员，现任职于手工艺家下田直子老师“MOTIF”教室。在书籍和杂志上发表了许多以花朵、杂物为图案的钩针作品，著有《第一次钩针编织：女孩图案100款》《第一次钩针编织：儿童神话故事图案100款》《可爱的蕾丝编织：可爱的野花花束》（以上均为日本E&G Creates出版）等。

其他钩织基础的索引

著作权合同登记号：图字16-2013-069

图书在版编目（CIP）数据

松本薰的浪漫钩针小物95款/（日）松本薰著；李姗译. —郑州：河南科学技术出版社，2015.6
ISBN 978-7-5349-7684-1

Ⅰ.①松… Ⅱ.①松… ②李… Ⅲ.①钩针-编织-图集 Ⅳ.①TS935.521-64

中国版本图书馆CIP数据核字（2015）第061347号

出版发行：河南科学技术出版社
地址：郑州市经五路66号　　邮编：450002
电话：（0371）65737028　　65788613
网址：www.hnstp.cn
策划编辑：李　洁
责任编辑：李晓慧
责任校对：张小玲
责任印制：张艳芳
印　　刷：北京盛通印刷股份有限公司
经　　销：全国新华书店
幅面尺寸：210 mm×257 mm　　印张：5　　字数：110千字
版　　次：2015年6月第1版　　2015年6月第1次印刷
定　　价：36.00元

如发现印、装质量问题，影响阅读，请与出版社联系并调换。